GEOLOGIE IN STICHWORTEN

von

Erich Schwegler — Peter Schneider
Werner Heißel

3., unveränderte Auflage

Seit 1832
hirt
Cum Deo et Die

VERLAG FERDINAND HIRT

Über die Verfasser

Professor Dr. Dr. ERICH SCHWEGLER, geb. 1909; ab 1944 Dozent für Geologie und Paläontologie an der Universität Tübingen, seit 1961 Honorarprofessor; im Hauptamt seit 1947 Fachleiter am Seminar für Studienreferendare in Tübingen. – Weitere Veröffentlichungen: Das Diluvium von Jockgrim in der Rheinpfalz, 1935; Revision der Belemnitenfauna des Schwäbischen Jura, 1961 (10 Bde. vorgesehen); Die Böden der nordafrikanischen Wüsten und Halbwüsten, 1947; Geologie des Kreises Tübingen, 1967. Aufsätze in Fachzeitschriften; Arbeiten zur Didaktik der Erdkunde und Geologie. Mitarbeit am erdkundlichen Unterrichtswerk „Seydlitz" und am Atlas „Unsere Welt".

Professor Dr. PETER SCHNEIDER, geb. 1912; Schuldienst bis 1958; 1959 Dozent, 1962 apl. Professor, 1966 o. Professor an der Pädagogischen Hochschule Ruhr, Abt. Essen; Lehrstuhl für Didaktik der Erd- und Heimatkunde. – Weitere Veröffentlichungen: Bedeutung und Behandlung der Erdgeschichte im Unterricht der Volksschule, Ratingen 1961; Natur und Besiedlung der Senne, Münster 1952. Mitarbeit am Topographischen Atlas von Nordrhein-Westfalen und am erdkundlichen Unterrichtswerk „Seydlitz". Abhandlungen und Aufsätze in Fachzeitschriften.

Professor Dr. WERNER HEISSEL, geb. 1908; von 1938–1958 Geologe, zuletzt Chefgeologe an der Geologischen Bundesanstalt in Wien; seit 1958 o. Professor für Geologie und Paläontologie an der Universität Innsbruck. – Arbeitsgebiet: Geologie der Alpen, insbesondere Stratigraphie und Tektonik der Nördlichen Kalkalpen, der Nördlichen Grauwackenzone und der Südtiroler Dolomiten, sowie alpine Quartärgeologie. Darüber zahlreiche Veröffentlichungen in Fachzeitschriften.

Printed in Germany

Redaktion: Verlag Ferdinand Hirt
Karten und Zeichnungen: H. Neide
Herstellung: Universitätsdruckerei H. Stürtz AG, Würzburg

INHALT

ALLGEMEINER TEIL

von Erich Schwegler

REGIONALER TEIL

ANHANG

von Peter Schneider

Begriff und Stellung der Geologie

Geologie (griechisch γῆ = Erde, λογία = Wissenschaft), Naturwissenschaft, die sich mit der festen Erde beschäftigt.

Gegenstand der Geologie im engeren Sinne ist nur die Gesteinsrinde (= Lithosphäre von griech. λίθος = Stein). Geologie im weiteren Sinne umfaßt außerdem Bodenkunde (= Pedologie) und Geophysik (Wissenschaft vom tieferen Erdinnern).

Hilfswissenschaften der Geologie

Paläontologie: Wissenschaft von den im Gestein vorhandenen Resten vorzeitlichen Lebens (*Fossilien;* vgl. Kap. „Fossilien" S. 30).

Petrographie (Gesteinskunde): Wissenschaft von den „Materialarten" der Gesteinsrinde, den Gesteinen.

Mineralogie: Wissenschaft von den Gemengekomponenten der Gesteine, den Mineralien.

Aufgabe der Geologie: Bestandsaufnahme von Material und Bau der Gesteinsrinde. Darstellung in Karte, Profil, Text. Siehe auch Kap. „Geologische Landesaufnahme" S. 35!

Verwertung der *geologischen Bestandsaufnahme* a) zur Rekonstruktion der Erd- und Lebensgeschichte (Historische Geologie); b) zur technischen und wirtschaftlichen Nutzung (Angewandte Geologie); c) zur Erklärung und Bewertung der Erdoberfläche, besonders des Reliefs (durch Geomorphologie), als Lebensraum des Menschen (Geographisch angewandte Geologie).

Geognosie. Altertümliche Bezeichnung für Geologie; sie behandelt die Lagerung, die Zusammensetzung und die wirtschaftliche Nutzung des Gesteinsuntergrundes und weniger die erdgeschichtliche Entwicklung.

Beschaffenheit des tieferen Erdinnern

Vom Innern der festen Erde aus direkter Anschauung nichts bekannt. Bis in größte bekannte Tiefen (tiefstes Bohrloch ca. 7800 m, USA) nur solches Gestein, wie es auch an der Erdoberfläche vorkommt.

Über größten Teil des Erdinneren nur theoretisch ermittelte Vorstellungen.

Raum für Zusätze

Tatsachen, die Schlüsse auf das Erdinnere ermöglichen

Vulkanische Erscheinungen belegen für relativ geringe Tiefe hohen Druck und hohe Temperaturen.

Zunahme der Gesteinstemperaturen in Richtung Erdmittelpunkt (im Mittel je 33 m um 1° C = Normalwert der „geothermischen Tiefenstufe") verweist ebenfalls auf hohe Temperaturen schon in geringen Tiefen, bei denen unter normalem Druck alle Materie flüssig oder gasförmig wäre.

Physikalische Überlegungen zwingen zur Vorstellung enormer Druckwerte im Erdinnern, sie verbieten Annahme eines flüssigen oder gasförmigen Erdinnern. Materie dort vermutlich in stahlhartem Zustand.

Dichte der Gesamterde etwa 5,6. Dichte der bekannten Teile der Gesteinsrinde um 2,7 (= Dichte des Granits). Dichte im tieferen Erdinnern also höher, vermutlich 7 oder darüber. Im tieferen Erdinnern somit kein Gestein wie in der Lithosphäre, sondern andersartiges Material.

Laufzeiten und Reflexionsphänomene der Erdbebenwellen lassen in ungefähr 60 und in 2900 km Tiefe Materialgrenzflächen und somit drei Sphären (s. Abb. S. 9) des Erdinnern vermuten.

Meteorite (= Trümmer von Weltkörpern mit vermutlich erdähnlichen Aufbauverhältnissen) stützen Vorstellung vom Schalenaufbau. Die vier vorkommenden Typen von Meteoriten entsprechen den vier Schalen des Erdinnern (Sial, Sima, Sifema, Nife).

Glasmeteorite (Tektite; schwarzgrünem Glas ähnlich). Dichte (etwa 2,7) und chemische Zusammensetzung ähneln Granit. Beim Eindringen in Atmosphäre geschmolzen, dann rasch (glasig) erstarrt.

Steinmeteorite. Nach Dichte (um 3,5) und Stoff (weniger SiO_2 und Al_2O_3 als Tektite, dagegen mehr Magnesium und Eisen) Glutflußgesteinen aus größerer Tiefe (Gabbro, Basalt, Melaphyr, Diabas) ähnlich.

Eisensteinmeteorite (Pallasite). Dichte 4,5–6. Dunkle Silikate neben Eisenoxyd u. a. Schwermetalloxyden (beim Flug durch Atmosphäre aus Sulfiden durch Oxydation entstanden).

Eisenmeteorite. Dichte etwa 7,8; metallisches Eisen mit Nickel u. a. Schwermetallen. Bekanntester Meteoritentyp.

Der Schalenaufbau der Erde

Sial (Abkürzung aus Silizium/Aluminium), auch Sal genannt, 0–25 km mächtig, Dichte um 2,7. Fehlt im Untergrund des Pazifischen, vielleicht auch des Indischen Ozeans.

Sima (Abkürzung aus Silizium/Magnesium), 5–30 km mächtig, Dichte etwa 3. Bildet Boden des Pazifischen, möglicherweise auch des Indischen Ozeans. Obergrenze unter Kontinentalmassen tiefer.

Sial und **Sima** zusammen = *Erdkruste.* Durch seismologische Beobachtungen (S. 39), auch mittels künstlicher, durch Sprengungen bewirkter Erdbeben ist die Grenze zwischen Erdkruste und Erdmantel (s.u.) als MOHOROVIČIĆ-Grenzfläche oder *Moho-Diskontinuität* nachgewiesen. Auch Zweiteilung der Kruste in ein oberes, vorwiegend granitisches Stockwerk (= Sial) und ein unteres, vorwiegend basaltisches (= Sima) im Bereich der Kontinente seismologisch erfaßbar. Darunter als äußerster Teil des Erdmantels das *Ultrasima* mit ultrabasischen Gesteinen (Peridotit, Eklogit, S. 14 u. 23).

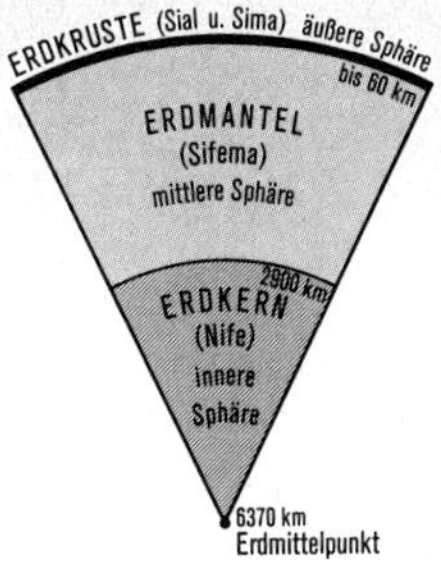

Raum für Zusätze

Sifema (Abkürzung aus Silizium, Ferrum=Eisen und Magnesium) = *Erdmantel.* Dichte 3–6 (5,6 = mittlere Dichte der Erde). Etwa 2900 km mächtig.

Nife (Abkürzung aus Nickel und Ferrum = Eisen) = *Erdkern.* Dichte um 10. Halbmesser etwa 3500 km. Außengrenze im Verhalten der Erdbebenwellen besonders deutlich.

Aufbau des Erdinnern möglicherweise Ergebnis früheren Sonderungsvorgangs der Erdmaterie, vergleichbar den Schichtungsverhältnissen im Hochofen: Leichtschlacke = Sial; Schwerschlacke = Sima; Eisenreicher Stein = Sifema; Eisensau oder König = Nife.

Nach Druck (in den äußeren Teilen der Erdrinde 3 m Gesteinsdicke ≈ 1 atü) und Temperaturen bereits für relativ geringe Tiefe (10–30 km) anzunehmen, daß Material der Lithosphäre „latent plastisch“ = „säkular flüssig“, d.h. langsam beweglich ist (nicht zu verwechseln mit Flüssigkeit). Starre Kontinentalmassen (= Sial) eingetaucht in schwerem, langsam fließendem Medium (= Sima): In Gebieten der Materialanhäufung an der Erdoberfläche (z.B. durch Sedimentation) Tendenz zum Absinken der oberen Krustenteile, in Bereichen der Abtragung (auch z.B. durch Abschmelzen von Eismassen) Tendenz zu langsamem Anstieg: *Isostasie* = Streben nach Gleichgewichtseinstellung. Dadurch langsame Materialströmungen im Untergrund. Diese Vorstellungen wichtige Grundlage u. a. für Kontinentalverschiebungstheorie (s. S. 65).

Schnitt durch die Erdkruste

Raum für Zusätze

Mineralien

(lat. minera = Erzader)

Mineralien sind *Gemengekomponenten* der Gesteine (selbständige Anreicherungen gelegentlich in Gesteinshohlräumen und Erzgängen): Natürliche Stoffe der Gesteinsrinde mit bestimmter chemischer Zusammensetzung (chemische Formel), meistens kristallisiert, einige wenige amorph, d.h. ohne Kristallstruktur. Für jede Mineralart bestimmtes Kristallsystem charakteristisch. Einige Mineralien chemisch gleich zusammengesetzt, aber verschieden in Kristallform (z.B. Kalkspat und Aragonit).

Kristallform bedingt durch Anordnung der Atome, Moleküle oder Ionen im Raum bei Bildung der Mineralien aus erstarrendem Schmelzfluß, aus Lösung, aus Gas oder durch chemische Reaktion.

Die bei Mineralien vorkommenden Kristallformen gehören *6 Kristallsystemen* an. Kristallformen des gleichen Systems (z.B. Würfel, Oktaeder, Tetraeder) haben gleiche Achsenverhältnisse. Mineralien unterscheiden sich voneinander auch durch Farbe, Spaltbarkeit und besonders durch Härte (oft wichtig für die rasche Erkennung; *Mohssche Härteskala* mit 10 Härtestufen. – Fingernagelhärte zwischen 2 und 3; Messerstahlhärte zwischen 6 und 7; Diamant mit Härte 10 härtestes Mineral).

Einteilung der Mineralien

Mineralien werden nach ihrem Chemismus in *Mineralklassen* eingeteilt.

Anzahl der Mineralarten groß (etwa 2000), aber nur wenige (etwa 100) für Aufbau von Gesteinen bedeutsam: *gesteinsbildende Mineralien*; viele von wirtschaftlichem Interesse, besonders die Erze.

Mineraliennamen z.T. sehr alt und mit charakteristischen bergbaulichen Beziehungen (Glimmer), Hinweisen auf äußere Eigenschaften (Pechblende, Olivin), auf technischen Nutzen (Flußspat = metallurgisches Flußmittel), auf klassische Vorkommen (Aragonit, Bauxit) oder Vorkommen in bestimmten Gesteinen (Kalkspat).

- spat (z.B. Kalkspat) = ausgeprägte Spaltbarkeit
- glanz (z.B. Bleiglanz) = dunkel-metallischer Glanz
- kies (z.B. Schwefelkies) = hell-metallischer Glanz
- blende (z.B. Hornblende) = stumpfer, fettiger Glanz
- glimmer (z.B. Kaliglimmer) = Glitzern der Kristallflächen
- klas (z.B. Orthoklas) = Bezeichnung bezieht sich auf Winkelverhältnisse der Kristallbruchstücke
- vitriol (z.B. Zinkvitriol) = glasartig durchsichtig (lat. vitrum = Glas)

Die für die Gesteinsbildung wichtigste Mineralklasse sind die Silikate, wichtig auch Oxyde und Karbonate.

Mengenmäßiger Anteil der verschiedenen Mineralien im Aufbau der Gesteinskruste äußerst verschieden. In dieser Hinsicht am bedeutendsten:

Feldspäte, besonders Plagioklas und Orthoklas, mit etwa 60% des Gewichts der bekannten Teile der Gesteinskruste;

Raum für Zusätze

Pyroxen (Augit) und *Amphibol* (Hornblende) mit zusammen 17%;

Quarz mit 12%;

Glimmer, besonders Biotit, mit 4%.

Hoher Summenwert dieser wenigen Mineralien Folge des überwiegenden Mengenanteils des Granits am Bau der Gesteinskruste.

Nächstwichtige Mineralien: Olivin, Magnetit. In den Schichtgesteinen sind mineralische Hauptbestandteile Tonmineralien, Quarz (als Sand), Kalkspat und Dolomitspat.

Geologisch wichtige Mineralien

Chemische Bezeichnung	Chemische Formel	Mineralname	Eigenschaft
Elemente			
Kohlenstoff	C	Graphit	schwarz, weich Härte 1
Ferner: Edelmetalle, Diamant, Schwefel u.a.			
Oxyde und Hydroxyde			
Siliziumdioxyd	SiO_2	Quarz und seine Abarten (12% der Erdkruste); glasklare große Quarzkristalle = Bergkristall Opal und amorphe Kieselsäure	Härte 7 ritzt Messerstahl
Eisen-3-Oxyd	Fe_2O_3	Roteisenstein, Hämatit, Eisenglanz	Härte 6
Eisen-2-Ferrat	Fe_3O_4	Magneteisenstein, Magnetit	schwarz, lenkt Kompaßnadel ab; Härte 5
Eisen-3-Hydrat	$Fe_2O_3 \cdot nH_2O$	Brauneisenstein, Ocker	
Ferner: Oxyde des Aluminiums (Tonerde, Bauxit), des Zinns (Zinnstein), des Urans (Pechblende).			

Chemische Bezeichnung	Chemische Formel	Mineralname	Eigenschaft
Sulfide			
Eisenbisulfid	FeS_2	Pyrit, Schwefelkies	messingglänzend, in feiner Verteilung blau färbend
Ferner: Buntmetall- u. a. Sulfide (Bleiglanz, Kupferkies, Zinkblende)			
Karbonate			
Kalzium-karbonat	$CaCO_3$	Kalkspat, Kalzit Aragonit	Härte 3 rhombisch kristallisiert, aus heißem Wasser ausgeschieden
Magnesium-karbonat	$MgCO_3$	Magnesit	
Kalzium-Magnesium-Karbonat	$CaCO_3 \cdot MgCO_3$	Dolomitspat	
Eisen-2-Karbonat	$FeCO_3$	Eisenspat, Spateisenstein, Siderit	
Ferner: Blei- u. a. Karbonate			
Sulfate			
Kalziumsulfat mit Kristallwasser	$CaSO_4 \cdot 2H_2O$	Gips (Alabaster ist ornamentaler Gips)	Härte 2
Kalziumsulfat ohne Kristallwasser	$CaSO_4$	Anhydrit	
Ferner: Schwerspat ($BaSO_4$) u. a., besonders Erdalkali-Sulfate sowie Vitriole (Eisenvitriol, Zinkvitriol u. a.)			
Phosphate			
Kalzium-Fluor-Phosphat	$Ca_5F(PO_4)_3$	Fluorapatit	
Kalzium-Chlor-Phosphat	$Ca_5Cl(PO_4)_3$	Chlorapatit	Härte 5
Nitrate			
Natriumnitrat	$NaNO_3$	Natron- oder Chile-Salpeter	löslich

Chemische Bezeichnung	Chemische Formel	Mineralname	Eigenschaft
Silikate (wichtigste und weitaus umfangreichste Mineralklasse)			
Salze verschiedener Kieselsäuren	$KAlSi_3O_8$	Orthoklas } wichtigste Feldspatarten	Härte 6
	$NaAlSi_3O_8$	Albit* } wichtigste Feldspatarten	Härte 6
	$Ca(AlSi_3O_8)_2$	Anorthit* } wichtigste Feldspatarten	Härte 6
	$(K,H)_2(Mg,Fe)_2 \cdot Al_2Si_3O_{12}$	Biotit (Eisen-Magnesia-Glimmer = wichtigste Glimmerart)	
	$CaMgSi_2O_6$	Augit	dunkle Farben (schwarzbraun, schwarzgrün)
	$CaMg_2(Al,Fe)_2 \cdot Si_3O_{12}$	Hornblende	dunkle Farben (schwarzbraun, schwarzgrün)
	$(Mg, Fe)_2 SiO_4$	Olivin	hellgrün
*Isomorphe Mischungen von Albit und Anorthit sind die Plagioklase			
Weitere wichtige silikatische Mineralien: Muskovit (Kaliglimmer, hellfarbig), Granat (Varianten mit verschiedener Zusammensetzung, schwarzrot), Glaukonit (Kalium-Eisen-2-Silikat, blaugrün)			
Aluminiumsilikat	$Al_2O_3 \cdot SiO_2 \cdot H_2O$	Ton (z. B. Kaolin)	Härte 1
Ferner: andere Tonmineralien als Verwitterungsprodukte von primären Silikaten			
Halogenide			
Kalziumfluorid	CaF_2	Flußspat	Härte 4
Natriumchlorid	$NaCl$	Steinsalz	Härte 2
Kaliumchlorid	KCl	Sylvin	

Gesteine

Unter Verwitterungsschicht (Boden) eigentliche Gesteinsrinde, aufgebaut aus Gesteinsarten. Nur relativ wenige Gesteinsarten von größerer Bedeutung.

Gesteine sind *Mineraliengemenge*. Daher bei Gesteinsarten Variationsbreite und Übergänge. Neben *Hauptmineralien* auch *akzessorische Mineralien*, die oft Aussehen und Verhalten eines Gesteins stark beeinflussen. *Monomineralische Gesteine* enthalten nur ein Hauptmineral.

Raum für Zusätze

Charakterisierung der Gesteine

a) Nach der *Struktur*, d.h. nach Korngröße der Mineralkörner: glasig, mikrokristallin, feinkristallin, grobkristallin, pegmatitisch (riesige Kristalle), porphyrisch (einzelne größere Kristalle in fein- oder mikrokristalliner Grundmasse); b) nach der *Textur*, d.h. nach räumlicher Anordnung der Mineralkörner: schichtig, zellig, schieferig, richtungslos körnig = massig, knollig, oolithisch, d.h. aus rundlichen Körnchen bestehend.

Weitere Gesteinseigenschaften: Härte, Witterungsbeständigkeit, Druckfestigkeit, Leitfähigkeit (für Wärme, Schall, Erschütterung, Elektrizität) Folge der mineralischen Zusammensetzung und des Kristallverbandes, d.h. der Struktur und Textur (s.o.).

Die Gesteinsarten

Erstarrungs- oder Massengesteine (Magmatite)

95% der bekannten Gesteinsrinde durch Erstarrung von Glutfluß (Magma) entstanden:

1. Glutfluß an der Erdoberfläche erstarrt: Erguß-, Effusiv-, Extrusiv-, Eruptivgesteine, auch Vulkanite genannt; feinkristallin infolge schneller Erstarrung (Basalt, Porphyr, Andesit, Melaphyr, Diabas, Trachyt).
2. Glutfluß in der Erdkruste erstarrt: Tiefen-, Intrusivgesteine, auch Plutonite genannt; gröber kristallin infolge langsamer Erstarrung (Granit, Syenit, Diorit, Gabbro, Peridotit).

Mittelstellung zwischen 1. und 2.: *Ganggesteine.*

Erstarrungsgesteine in Stöcken, Decken, Gängen vorkommend. Richtungslos körnig = massig. *Keine Schichtung*, Fließstruktur kann gelegentlich Schieferung vortäuschen. Korngrößen durch Erstarrungsgeschwindigkeit und Chemismus bedingt.

Einteilung nach chemischer Beschaffenheit

„*Saure*“ *Erstarrungsgesteine* mit viel Quarz (Kieselsäure-Anhydrit) neben Silikaten, besonders Feldspäten. Dichte um 2,7. Helle Farben. Granit (häufigstes Gestein; Tiefengestein), Quarzporphyr, Bims (Gesteinsschaum), Obsidian (Gesteinsglas), Liparit (Ergußgestein).

„*Basische*“ *Erstarrungsgesteine* ohne Quarz. Gemisch aus Silikaten und Metalloxyden (Basen). Dichte über 3. Dunkle Farben. Basalt, Melaphyr, Diabas (Ergußgesteine), Gabbro, Peridotit, Norit (Tiefengesteine).

„*Intermediäre*“ *Erstarrungsgesteine* mit wenig oder keinem Quarz, auch keinem freien Metalloxyd. Trachyt, Andesit, Phonolith, Porphyrit (Ergußgesteine), Diorit, Syenit (Tiefengestein).

Wichtigste Glutflußgesteine

Granit (von lat. granum = Korn):

Nicht nur wichtigstes Glutflußgestein, sondern weitaus *häufigstes Gestein* überhaupt (etwa $^9/_{10}$ der Gesteinsrinde). Viele Varianten durch Unterschiede der Korngröße, des Mengenverhältnisses der Hauptmineralien Feldspat, Quarz, Glimmer, durch unterschiedliche Feldspat- und Glimmerarten (z.B. Orthoklasgranit, Zweiglimmergranit usw.), durch akzessorische Mineralien (z.B. Turmalingranit). Färbung vorwiegend hell, Tönung (fleischrot, gelbrot, grünlich, grau) besonders vom Feldspat abhängig.

Basalt (von lat. basanites = Stein von Basan in Syrien):

Verbreitetstes *Ergußgestein* besonders des Tertiärs, auch der Gegenwart. Hohes Gewicht und besonders hohe Druckfestigkeit. Farbe schwarz bis schwarzblau; mikrokristallin. Setzt sich zusammen aus Plagioklas, Augit, Olivin, Magnetit. Charakteristisch oft Absonderung von prismatischen Basaltsäulen senkrecht zur Abkühlungsfläche (Zerreißung bei der Abkühlung). Diabase und Melaphyre = Basaltgestein des Paläozoikums bzw. des Mesozoikums.

Sediment-, Absatz- oder Schichtgesteine

Aus Verwitterungsprodukten anderer Gesteine entstanden, als Lockermaterial (Kies, Sand, Schlamm) abgelagert, später zu Gestein verfestigt (Diagenese, s. S. 16).

Einteilung nach der Entstehung

Aquatische Trümmergesteine im Wasser abgelagert (Tongestein, Mergel, Kalk- und Sandstein, Dolomit). In fließendem Wasser abgelagerte (fluviatile oder fluvioglaziale) Sedimente unregelmäßig, im Meer und in Seen abgesetzte (marine bzw. limnische) Gesteine regelmäßig geschichtet.

Äolische Trümmergesteine durch Wind abgelagert (Löß, vulkanische Aschengesteine, Sandsteine), nicht oder unregelmäßig geschichtet.

Glaziale Trümmergesteine durch Eis abgelagert (besonders Geschiebemergel), nicht geschichtet.

Trümmersedimentgesteine = *klastische* Gesteine, aus Produkten der mechanischen Gesteinsverwitterung entstanden (klastisch von griech. zerbrechen); Einteilung auch nach Korngrößen:

Psephite, Korn über 2 mm, z.B. Brekzien, Konglomerate;

Psammite, Korn zwischen 0,02 und 2 mm, z.B. Sandsteine, Arkosen, Grauwacken;

Pelite, Korn unter 0,02 mm, hervorgegangen aus Schlamm oder Staubsedimenten, z.B. Tongestein, Mergel, Teil der Kalkgesteine, Dolomite.

Raum für Zusätze

Chemische Sedimentgesteine aus Lösungen durch Übersättigung oder chemische Reaktion ausgeschieden (Salz- und Gipsgestein, viele Kalke und Dolomite).

Organogene, biogene Sedimentgesteine durch Organismen aufgebaut (phytogen = durch Pflanzen, z. B. Torf, Kohlen, Algenkalke; zoogen = durch Tiere, z. B. Korallen-, Schwamm-, Bryozoen-, Brachiopoden-, Muschel-, Foraminiferenkalke, Radiolarite u. a.; vgl. Fossilien, S. 30).

Sedimentgesteine vorwiegend jüngere Gesteine, oft fossilführend, meist geschichtet. Abstufungen von noch lockerem Sediment bis zu völlig verfestigtem Gestein. (Im geologischen Sinne gehören auch kaum veränderte Sedimente zu den Gesteinen, z. B. Sand, Schlick.)

Drei Massenbestandteile: Quarzsand bzw. -geröll; Kalk- bzw. Dolomitspat; Ton. Die meisten Sedimentgesteine liegen im Mischungsfeld dieser 3 Komponenten (vgl. Abb. S. 19).

Diagenese

Umwandlung von lockeren Sedimenten in festes Sedimentgestein.

Einzelprozesse der Diagenese: Wasserauspressung durch Druck- und Temperaturzunahme, dadurch mechanische Materialverdichtung. *Auskristallisation* gelöster und *Umkristallisation* diffus verteilter Mineralsubstanzen. Gelegentlich Vorgänge *stofflicher Sonderung:* Bildung von Konkretionen (Knollen, Geoden, Laibsteinen u. a.). *Verfestigung* durch Verkittung der Mineralkörner des Gemenges mittels anderer Mineralstoffe als Bindemittel (z. B. Sand zu Sandstein). Auch *Inkohlung* (Kohlebildung, Umwandlung pflanzlicher Stoffe unter Luftabschluß) ist Diagenese.

Grad der Diagenese nimmt im allgemeinen mit Alter von Ablagerung und Überdeckung zu. Diagenesegrad und geologisches Alter jedoch nicht immer gleichlaufend. Diagenese setzt sich ohne scharfe Grenze in den Erscheinungen der Metamorphose fort (S. 21).

Schichtung

Aufeinanderfolge von Sedimentlagen, Folge eines Wechsels des akkumulierten Materials (z. B. durch jahreszeitliche, Witterungs- und Klimaschwankungen, Bodenbewegungen), typisch für Sedimentgesteine. Das *Hangende* ist die Schicht über, das *Liegende* ist die Schicht unter einem Horizont. Schichtung mitunter undeutlich oder fehlend.

> Alte Bezeichnung für Gesteinsschicht: *Flöz*. Heute im wesentlichen auf Schichten nutzbaren Materials angewendet, z. B. Erzflöz, Kohlenflöz.

Konkordante Schichtung (Parallelschichtung): Gleichförmig übereinanderliegende Sedimentgesteinslagen. Ergebnis kontinuierlicher Ablagerung.

Streichen und Fallen von Gesteinslagen (besonders Sedimentgestein); meist Folge nachträglicher Schiefstellung der Schichten

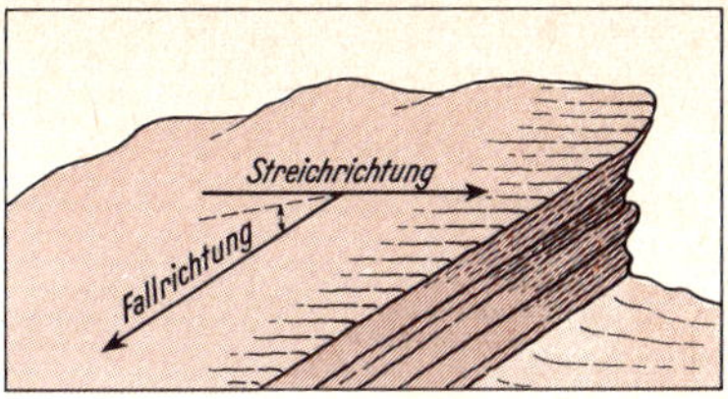

Konkordante, tektonisch schiefgestellte Gesteinslagen innerhalb einer Sedimentgesteinsserie; 1–10 Altersfolge

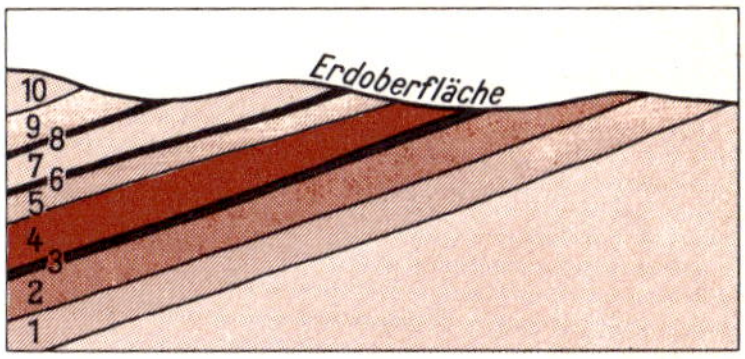

Diskordanz zwischen zwei in sich konkordanten Schichtgesteinspaketen b1–b8 über a1–a6; zwischen der Ablagerung der Schichten a6 und b1 fand Schiefstellung und Abtragung statt

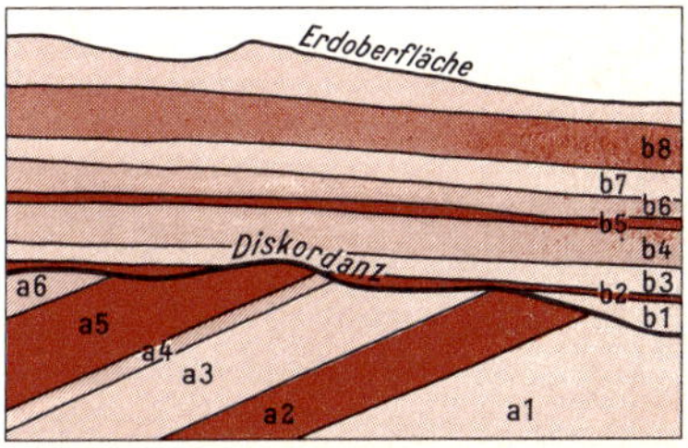

Kreuzschichtung

Häufig in Sandstein und in Sanden, auch in Schottern. Ablagerungen in fließendem Wasser oder durch Wind

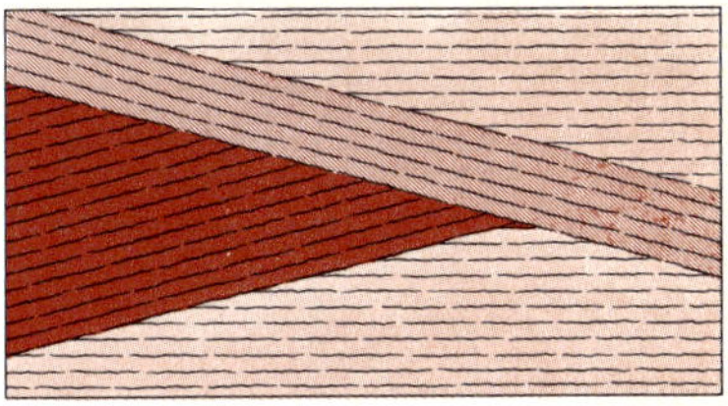

Diskordante Schichtung: Ungleichförmig lagernde Schichten. Gewöhnlich jüngere Gesteinslagen flach über älteren, aufgerichteten oder gefalteten Schichten. Diskordanz (Schichtlücke) weist auf Unterbrechung der Sedimentation hin, hervorgerufen durch Abtragung, Faltung oder Verwerfung (s. S. 40 u. 44).

Kreuzschichtung: Regelloser Wechsel von horizontalen und schrägen Richtungen der Schichtung auf kurze Entfernung, typisch für fluviatile und äolische Sedimente.

Raum für Zusätze

Das allmähliche Auslaufen einer Schicht bezeichnet man als „Auskeilen" (Abb. S. 27 unten).

Die vielen Varianten der Sedimentgesteine sind durch akzessorische Gemengteile gefärbt:

Fe_2O_3→rot; $Fe(OH)_3$→braun; FeS_2 (fein verteilt)→bläulich; Fe^{++}-Silikate→grünlich (hoher Gehalt an Glaukonit [kaliumhaltiges Eisen-/Aluminiumsilikat]); Bitumen→schwarz. Ohne solche Bestandteile wären die meisten Sedimentgesteine weiß.

Verbreitete Sedimentgesteine

Kalk(stein): monomineralisches Gestein aus Kalkspat (Kalzit) und Akzessorien wie Ton, Kieselsäure oder Quarz, Eisenspat, Dolomitspat, Eisenbisulfid, Hämatit, Bitumen. Variante des Gesteins mit Kalziumkarbonat $CaCO_3$ in der Form von Aragonit (rhombisch); dadurch Ausscheidung aus Thermalwasser (über 35° C) bewiesen. Gleitende Übergänge von Kalkstein in Dolomit (schrittweiser Ersatz des Kalzits durch Dolomitspat) und in Mergel (durch Zumischung von Ton). Kalk bildet mächtige Gesteinsfolgen, entstanden aus pelitischem Kalkschlamm (durch chemische Ausscheidung [s.u.] oder Ausscheidung von Organismen).

Eigenschaften des Kalksteins:

1. *Löslichkeit des Kalkes* in kohlensaurem Wasser bei niedriger Temperatur und Wiederausfällung bei höherer Temperatur:

Kalkstein, Marmor, Kreide, Kalkgehalt des Mergels — Niederschlags- und Sickerwasser — gelöster Kalk (transitorische Härte des Wassers)

$$\underbrace{CaCO_3}\ +\ \overbrace{\underbrace{HO_2+CO_2}}^{H_2CO_3}\ \underset{\text{Druckentlastung, höhere Temperatur}}{\overset{\text{niedrige Temperatur}}{\rightleftharpoons}}\ Ca\,(HCO_3)_2\ \text{(löslich)}$$

Kesselstein, Kalksinter, Sinterkalk, Kalktuff, Travertin, Tropfstein, Quellkalk, Kalkschlamm

oberer Pfeil: Auflösungs-(Verwitterungs-)vorgänge in kalzithaltigen Gesteinen

unterer Pfeil: Vorgänge der anorganischen („chemischen") Kalk-Sedimentbildung, besonders im Meer

Hierdurch erklären sich die Vorgänge von Auflösung und Wiederausscheidung von $CaCO_3$ in Kalkgebirgen humider Klimate: Karsterscheinungen mit charakteristischer Zerklüftung, Höhlenbildung, Ausscheidung von Tropfstein, Kalksinter.

Massenbestandteile der Sedimentgesteine

Das Gros der Sedimentgesteinsarten liegt im Mischungsfeld der 3 Bestandteile
Sand (meist Quarzsand) und Geröll
Kalk- oder Dolomitspat
Ton

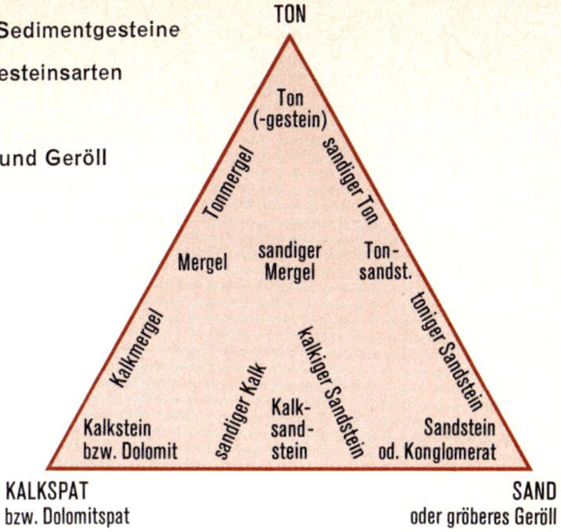

2. *Neutralisation von Säuren:*

$$CaCO_3 + 2HX \longrightarrow CaX + H_2O + CO_2 \nearrow \quad (X = \text{Säurerest})$$

(2HX: Säure, z. B. Humussäure) (CaX: z. B. Kalkhumate)

Solange Vorrat von Kalk im Boden oder Gestein vorhanden ist, findet Neutralisation („Abstumpfung") der entstehenden Säuren (Verwesungsprozesse) statt; daher Kalken von Böden und Kompost erforderlich.

3. *Begünstigung der Krümelstruktur der Böden:* Die Substanz $CaCO_3$ trägt zur Koagulation (Aufhebung der Dispersion) von Tonpartikeln („bindige Substanz") des Bodens bei (Beseitigung der elektrostatischen Ladung dieser Partikel): Krümelung, Bodengare.

Zur ersten Bestimmung des „Kalkgehalts" von Gestein oder Boden Betupfen mit verdünnter Salzsäure (Kalkgehalt = Aufbrausen durch CO_2-Entwicklung). Kalk der Sedimentgesteine und der metamorphen Gesteine geht letztlich auf das Kalzium des Kalkfeldspats zurück: $Ca(AlSi_3O_8)_2$ (Anorthit oder Plagioklas).

Dolomit (nach dem französischen Mineralogen Dolomieu, 1750 bis 1801): Mineralisch, entstehungsmäßig, in Aussehen, Vorkommen dem Kalkgestein nahe verwandt; von Kalkgestein nicht immer leicht zu unterscheiden; weit verbreitetes monomineralisches Sedimentgestein mit Dolomitspat als Hauptmineral. Entstanden aus pelitischem Dolomitschlammsediment, abgelagert in Küstennähe wärmerer Klimate, z. T. auch sekundär gebildet durch Umwandlung von Kalkstein mittels infiltrierter Magnesiumionen (Metasomatose). Durch Übergänge einerseits mit Kalkstein, andererseits mit „dolomitischen" Mergeln verbunden. Etwas schwerer und härter als Kalkstein; wirkt oberflächlich sandig („zuckerkörnig"), schäumt mit Salzsäure ähnlich wie Kalkstein. Vorkommen in mächtigen Schichtfolgen.

Raum für Zusätze

Tongestein (meist nur als „Ton" bezeichnet): Im wesentlichen aus Tonmineralien bestehend, oft durch Eisenbisulfid blaugrau oder durch Bitumen schwarzgrau gefärbt. Von weicher Konsistenz. Wasserstauend, an Hängen leicht rutschend, zu schwerem Boden verwitternd. Meist aquatischer, selten äolischer Entstehung.

Mergel: Große Zahl von Varianten durch Übergänge zu den anderen verbreiteten Sedimentgesteinen und durch vielerlei Akzessorien. Unverwittert steinartig, angewittert weich, Konsistenz vom Verhältnis Kalk/Ton abhängig. Meist aquatisch, besonders marin entstanden.

Kalkmergel, auch „Steinmergel", mehr Kalzit als Tonsubstanz enthaltend, daher von kalksteinähnlicher Konsistenz. Durch Klüftung wasserdurchlässig. Aquatische Entstehung.

Tonmergel mit starkem Übergewicht an Ton und dementsprechend weicher Konsistenz; grundwasserstauend. Aquatisch, meist marin gebildet.

Dolomitische Mergel mit Dolomitspat an Stelle von Kalkspat. Im übrigen wie gewöhnliche Mergel. Marine Entstehung.

Besondere Sedimentgesteine

Gips- und Salzgestein: mit Gips bzw. Steinsalz imprägnierte oder durchlagerte Mergel und Tone.

Vulkanischer Tuff: zusammengebackene vulkanische Aschen.

Geschiebemergel: von Gletschern abgelagertes unsortiertes und ungeschichtetes Gemenge von Mergel- (Kalk-Ton-Gemisch) und Sandmaterial mit Gesteinstrümmern (Geschiebe) aller Größen. Große Geschiebe: *Findlinge, erratische Blöcke*. Ähnlich Geschiebesand, – ton.

Arkose: Konglomerat- oder sandsteinähnliches Trümmergestein, besonders aus granitischem Material.

Breccie: verbackener grober Gesteinsschutt (scharfkantig).

Fanglomerat: verbackener Gesteinsschutt aus Trockengebieten.

Grauwacke: Arkoseähnliches Trümmergestein, besonders aus Schiefergrus.

Kalktuff, Süßwasserkalk, Sauerwasserkalk, Sinterkalk, Travertin: aus Quellwasser abgesetztes, meist uneinheitliches, lockeres, zelliges, krustiges Kalkgestein.

Kreide: heller, erdiger Kalkstein.

Ölschiefer: bitumenreiches dunkles Tongestein, Erdölmuttergestein.

Torf, Braunkohle, Steinkohle, Anthrazit: phytogene (aus Pflanzen entstandene) Gesteine verschiedenen Diagenesegrades.

Kieselgur: Gestein aus Skeletten von Kieselalgen (Diatomeen), mergeligem Sandstein ähnlich.

 Radiolarit: aus Skeletten von Radiolarien aufgebautes Gestein.

Löß: äolisches, gelbgraues, helles Staubgestein (Feinsand, Kalk, Ton), besonders charakteristisch für die Randgebiete der Eiszeit und die Wüstenränder. Löß(lehm)böden besonders geeignet für Ackerbau.

Metamorphe Gesteine oder kristalline Schiefer (Metamorphite)

Aus Sediment- oder Erstarrungsgesteinen infolge *Metamorphose* entstanden. Prototyp: Gneis.

Metamorphose

Mehr oder weniger tiefgreifende Umgestaltung von Struktur, Textur, z. T. auch der mineralischen Zusammensetzung von Gestein durch hohen Druck und hohe Temperatur. Neubildung schwerer Mineralien aus Mineralbestand des Ausgangsgesteins (Gesteinsverdichtung), Umkristallisation zu dichterem Kristallgefüge, Ausrichtung der langen Kristallachsen senkrecht zur Druckrichtung (*Schieferung*). Völlige oder teilweise Austreibung flüchtiger Bestandteile.

Orthometamorphite aus Glutflußgestein, Parametamorphite aus Sedimentgestein entstanden (Zuordnung oft unsicher).

Einzelvorgänge der Metamorphose:

Nach verursachendem Milieu und Ausgangsmaterial verschiedenartig: *Regionalmetamorphose* (Tiefen-, geothermische oder statische Metamorphose); Ursache: Hohe Temperaturen und allseitig wirkender Druck tiefer Regionen, in die das Gestein abgesenkt wurde. – *Dynamometamorphose* (kinetische Metamorphose); Ursache: Gerichteter Druck (und hohe Temperatur) durch Bewegungen der Lithosphäre bei der Gebirgsbildung. Nur unter mächtiger Bedeckung und von gewissen Tiefen ab möglich. – *Kontaktmetamorphose;* Ursache: Thermischer, meist auch chemischer Einfluß (Injektionsmetamorphose) benachbarter Glutflußkörper (Glutflußintrusionen); Druck unwesentlich. Auch bei Gesteinen möglich, die auf anderem Wege bereits metamorph wurden. Bereich der Kontaktmetamorphose: Kontakthof, Kontaktring. Auch bei *Vulkaniten* (Lavaströme) Kontaktwirkungen, wegen rascher Erstarrung aber wenig tiefgreifend. Dabei häufig zu beobachtende *Rotfärbung* des Nachbargesteins ist Folge der Umwandlung von Eisenmineralien in Roteisen (Fe_2O_3; gleicher Vorgang beim Brennen von Ziegeln). – *Ultrametamorphose*, Wiederaufschmelzung (Granitisation) von hochmetamorphem Gestein in größeren Tiefen. Dadurch Neubeginn des Kreislaufs der Gesteinsmaterie.

Grad der Metamorphose bedingt durch Tiefenzone: *Katazone*, hoher allseitiger Druck, Temperatur bis 1700° C, besonders chemische Umwandlung. – *Mesozone*, überwiegend gerichteter Druck, Temperatur bis 900° C, chemische und mechanische Umwandlung. – *Epizone,* stärker gerichteter Druck, Temperatur bis 500° C, überwiegend mechanische Umwandlung als Fortsetzung einfacher Diagenese.

In typisch metamorphen Gesteinen im allgemeinen keine sicher identifizierbaren figurierten Reste von Lebewesen. Indessen deuten Graphit- oder Kalkspatgehalt gelegentlich auf Lebewesen in den Ausgangsgesteinen hin.

Metamorphe Gesteine vorwiegend ältere Gesteine; in den Kernen alter und junger Faltengebirge (z.B. Deutsche Mittelgebirgssockel, Zentralalpen).

Verbreitete metamorphe Gesteine

Gneis: Sammelbezeichnung für verbreitetste kristalline Schiefer. Große Spanne der Erscheinungen nach Aussehen und Zusammensetzung.

Regelmäßige Bestandteile: Feldspat, Quarz, Glimmer. Mehr oder weniger deutlich schiefrig, häufig gebändert, verknetet; hochmetamorph (Katazone).

Orthogneis	Paragneis
Aus granitischen Gesteinen entstanden (Granitgneis, auch Granulit).	Aus Ton und Quarz führenden Sedimentgesteinen entstanden. Sonderformen Phyllitgneis (dünnschiefrig), Augengneis u. a.
Verwittert langsam, daher Klippen, Felsen, Blockhalden.	Meist unter Verwitterungsschutt; der Verwitterung ausgesetzt; nach kurzer Zeit mürbe.
Häufig in Flußgeröll, als Geschiebe und als größere Blöcke.	Spielt in Flußgeröll und als Geschiebe eine geringere Rolle. Vorwiegend kleinere Gerölle.
Talverengungen und Talversteilungen.	Talerweiterungen, Hangverflachungen mit Wiesengelände.
Häufig Steinbrüche. Material als Schotter- und Pflastersteine verwendet.	In Steinbrüchen und Aufschlüssen relativ selten. Meistens in Wildbächen und frischen Baugruben zu finden.
Vielfach weitgehend einheitliche mineralische Zusammensetzung.	Mineralische Zusammensetzung wechselt vielfach innerhalb ein und desselben Gesteinskörpers.
Selten Übergang der Schieferung in Fältelung. Schieferung mitunter an Textur von Massengestein erinnernd. Ohne Kalkspat und Graphit.	Häufig Fältelungstextur. Verwechslung mit Massengestein kaum möglich.
Orthogneis häufig granitähnlich, daher von Granit oder Syenit (auch Diorit) schwer zu unterscheiden.	Gelegentlich Wechsel mit Kalkspat oder Graphit, mitunter lagenweise. Bunteres Muster akzessorischer Mineralien. Oft glimmerschiefer- oder quarzitähnlich.
Böden kalk- und kalireich.	Böden regelmäßig kaliarm.

Raum für Zusätze

Eklogit: Katazonales, höchst metamorphes, schweres, dunkles Gestein aus tiefen Bereichen der Gesteinskruste. Grün (Augit) und rot (Granat) gefärbt. Ursprungsgesteine basische Magmatite, auch Mergelgesteine.

Amphibolit: Katazonales, hoch metamorphes, schwarzgrünes, schweres, zähes Gestein, ebenfalls aus basischen Magmatiten oder mergeligen Gesteinen entstanden.

Glimmerschiefer: Sammelbezeichnung für feldspatfreie, sehr feinschieferige, oft seidenglänzende Gesteine aus Quarz und Glimmerarten, besonders auch Muskovit (Seidenglanz). Viele Abarten: Granat-Glimmerschiefer u.a. Ursprungsgestein: granitische Erstarrungsgesteine oder ton- und quarzreiche Sedimentgesteine. Entstanden vorwiegend in der Mesozone; weniger metamorph als Gneise.

Hornblendeschiefer, Serpentin, Grünschiefer: Mesozonale Gesteine ähnlichen Metamorphosegrades wie Glimmerschiefer, meist aus Tonen und Mergeln entstanden.

Phyllite: Sammelbezeichnung für quarzreiche, glimmer- und feldspatfreie Gesteine, oft mit Kalkspat, schieferig bis blättrig. Ursprungsgesteine: vorwiegend Ton und Quarz führende Sedimentgesteine, z.T. auch Massengesteine. Dachschiefer, Griffelschiefer u.a.; wenig metamorph (Epizone). Fossilien mitunter noch erkennbar. Bereich des Übergangs zu den nicht metamorphen Gesteinen.

Quarzite: Im wesentlichen nur aus Quarz bestehend, aus Sandstein oder Konglomerat entstanden. Wenig ausgeprägte Schieferung. Akzessorische Mineralien z.T. Neubildung.

Marmore: Im wesentlichen aus Kalkspat (bzw. Dolomitspat) bestehend, aus Kalkstein (bzw. Dolomit) entstanden. Wenig ausgeprägte Schieferung. Farbmuster durch akzessorische Mineralien, oft ornamental.

Hornfels: Sammelbezeichnung für hochkontaktmetamorphe Gesteine. Charakteristische „Kontaktmineralien".

Wirtschaftliche Bedeutung der Lithosphäre

Indirekte wirtschaftliche Bedeutung infolge der Abhängigkeit des Bodens und des Reliefs vom Gestein. Unmittelbare wirtschaftliche Bedeutung dadurch, daß Gesteinshülle Baugrund und Rohstoffquelle (Bodenschätze) ist.

Bei Errichtung von Bauwerken (Hochbauten, Kanälen, Stollen, Verkehrswegen usw.) Eigenschaften des Untergrundes wichtig: *Standfestigkeit* (Belastungsfähigkeit), an Hängen besonders Sicherheit gegen Rutschung; *Wasserdurchlässigkeit, Wasserführung; mineralische Zusammensetzung* wegen des chemischen Einflusses auf das Bauwerk; thermische, elektrische, mechanische *Leitfähigkeit* u.a.

Raum für Zusätze

Klärung der Untergrundbedingungen durch geologische *Gutachten*, nötigenfalls durch *Probebohrung*, *Probeeinschlag* oder *bodenphysikalische Materialprüfung*.

Nutzbare Bestandteile der Gesteinsrinde sind die *Bodenschätze*. Anzahl ausbeutbarer Vorkommen durch Entwicklung von Erschließungs- und Fördertechnik sowie des Verkehrs ständig vergrößert.

Mineralische Rohstoffe

„Steine“: Fluviatile Sande, feine fluviatile und fluvioglaziale Kiese, Splitt (künstlich zerkleinertes Hartgestein, besonders Erstarrungsgestein) als Betonzuschläge. – Grobe Kiese und Bruchstein (besonders Kalkstein) als Vorlagmaterial und Schotter (Straßenbau). – Sand- und Kalksteinquader, Sandstein-, Kalkstein- und Schieferplatten, Marmor und feinkörniger Sandstein als Werksteine. – Gips zum Brennen. Kalkstein und Dolomit als Hochofen- und Branntkalk. – Schwefelarme Mergel mit geeignetem Kalk/Ton-Verhältnis als Zementmergel.

„Erden“: Lößlehm (verwitterter Löß), sandiger Ton und andere keramische Tone (verwitterter Tonmergel) zur Ziegelherstellung. – Kaolin und andere keramische Tone (angereicherte Verwitterungsprodukte granitischen Gesteins) zur Porzellanherstellung. – Reine Quarzsande (Glassand) zur Glasfabrikation. Kieselgur (Diatomit, Diatomeenerde = Anhäufung von Kieselalgenskeletten in limnischen Ablagerungen) zum Speichern von Nitroglyzerin (Dynamit) und zur Wasserfiltrierung.

Nichtmetall-Mineralien (Erze im weiteren Sinne): Schwefel, Graphit, Schwerspat, Magnesit (für feuerfestes Material); Asbest (für Isolation); Glimmer (für elektrotechnische Zwecke); Edelsteine, besonders Diamant.

Metallerze (Erze im engeren Sinne): Edelmetallerze (Platin, Gold, Silber); Buntmetallerze („Kiese“, „Glanze“, „Blenden“ = Metallsulfide); Eisenerze (Magnetit, Pyrit, Rot-, Braun-, Spateisenerz); andere Schwermetallerze (Mangan-, Chromerz u. v. a.); Leichtmetallerze (besonders Bauxit für Aluminiumherstellung).

Salze im engeren Sinne: Steinsalz zur Kochsalzgewinnung und Herstellung von Chlorverbindungen. – Edelsalze (Kali- und Bromsalze) als Dünger und für chemische Industrie; Phosphat (Dünger), Flußspat.

Kohlen: Steinkohle (Anthrazit, Magerkohle, Eß-, Fett-, Gas-, Gasflammkohle; Reihenfolge entspricht abnehmendem Inkohlungsgrad und damit dem Kohlenstoffgehalt). – Braunkohle (Glanzkohle, erdige Braunkohle). – Torf (Hochmoor- oder Moostorf, Flachmoor- oder Grünlandtorf). (Vgl. Steinkohlenbildung S. 69 und 85 und Braunkohlenbildung S. 74 und 99.)

Bitumina: Erdgas, Erdöl, Ölschiefer und -sand, Asphalt (Rückstand natürlicher, entölter Erdöllagerstätten).

Entstehung eines Salzlagers (Idealbild)

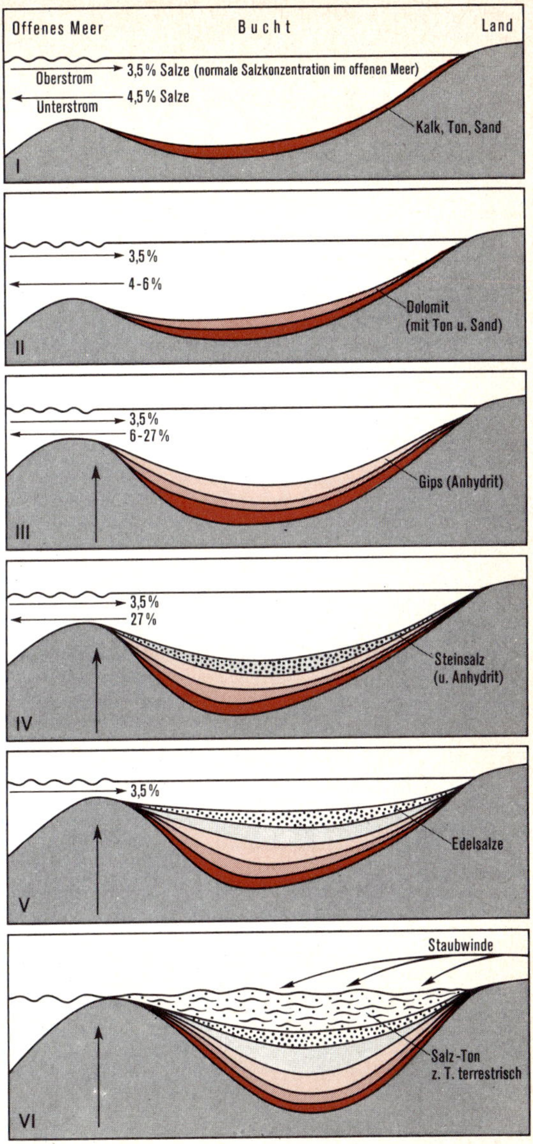

I Beginnende Eindampfung in einer teilweise abgeschnürten Meeresbucht

II Mit weiterer Eindampfung Ausfällung von Dolomit, häufig mit Brauneisen

III Die Barre wird flacher, der Unterstrom schwächer; Gips und Anhydrit fällen aus

IV Der Unterstrom wird noch schwächer; Steinsalz und Anhydrit scheiden sich aus

V Der Unterstrom erlischt. Die Barre wird nur noch wenig überflutet. Edelsalze fällen aus

VI Das Salzbecken ist trockengelegt; Staub aus dem angrenzenden Gebiet dichtet es nach oben ab. Die Salzlagerbildung ist abgeschlossen

Raum für Zusätze

Atomenergieträger: Uranerz u.a.

Wasser: Grund-, Quell-, Mineral- und Thermalwasser (vgl. S. 29).

Kohlensäuregas: Vorkommen in Kohlensäurequellen = Mofetten. Auch künstlich erbohrt.

Wichtige Lagerstättentypen

Lagerstätten sind abbauwürdige Anreicherungen nutzbarer Mineralien in der Erdkruste.

Syngenetische Lagerstätten (gleichzeitig mit Nebengestein entstanden): *Liquidmagmatische (massige) Lagerstätten:* Produkt der Differenzierung des Glutflusses. – *Sedimentäre (schichtartige) Lagerstätten:* Seifen, d.h. unverfestigte Sedimente (z. B. goldhaltige Sande). – *Anreicherungslagerstätten* (z. B. verfestigte Seifen). – *Ausscheidungslagerstätten* (z.B. Salzlager).

Kohlenlagerstätten vgl. S. 69, 85, 74, 99.

Salzlagerstätten: Seit vorgeschichtlicher Zeit durch Bergbau ausgewertet. Häufig vorkommende *Salzmächtigkeiten* (bis zu Hunderten von Metern) widersprechen der Hypothese von der Entstehung durch einfache Austrocknung abgeschnürter Meeresbecken in trocken-heißem Klima. Aus einem ehemaligen Meer von 1000 m Wassertiefe würde sich eine Salzschicht von nur 20 m bilden können. Barrentheorie von Ochsenius: Salzausscheidung in randlichen, durch untermeerische Barre vom offenen Meer zunächst unvollkommen abgeschlossenem Meeresbecken unter laufendem Nachströmen von Meerwasser. Mit Hebung des Landes Auftauchen der Barre und völlige Verlandung (s. Abb. S. 25). Vorgang kann unvollständig ablaufen (Wiedereröffnung der Verbindung mit

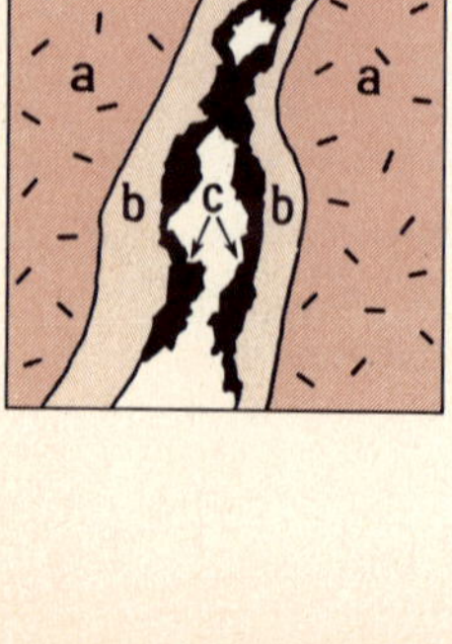

Vertikalschnitt eines Erzganges (Erzader): hier Quarzgoldgang

a Nachbargestein (taubes Gestein)
b Gangart (hier Quarz)
c Erz (hier Gold)

Herkunft von Gangart (b) und Erz (c): Ausscheidung aus aufsteigenden Dämpfen oder heißen Wässern (hydrothermalen Lösungen)

Raum für Zusätze

dem offenen Meer; Beispiel: Muschelkalksalzlager in Südwestdeutschland) oder sich wiederholen (Beispiel: Zechsteinsalzlager in Mitteldeutschland mit „Abraumsalzen" = Edelsalzen).

Epigenetische Lagerstätten (jünger als das Nebengestein): *Gangartige Lagerstätten* (Erzgänge = Erzadern als Füllung von Gesteinsklüften durch aufsteigende heiße Wässer oder Gase). – *Höhlenartige Lagerstätten*, z.B. Bohnerzlager des Jura. – Durch *Infiltration entstandene Lagerstätten:* Erdöl, Grundwasser. – *Exhalationslagerstätten* (vulkanische Lagerstätten): z.B. Schwefel aus Vulkanen.

Erdöllagerstätten: In der Zusammensetzung von Lagerstätte zu Lagerstätte stark wechselnde, sehr komplizierte *Gemische, besonders von organischen Stoffen.* In der aus Flüssigkeiten, vor allem Kohlenwasserstoffen, gemischten Grundmasse viele feste, besonders C-reiche Stoffe und Gase, z.B. Äthan, gelöst.

Die vier wichtigsten Typen von Erdöllagerstätten

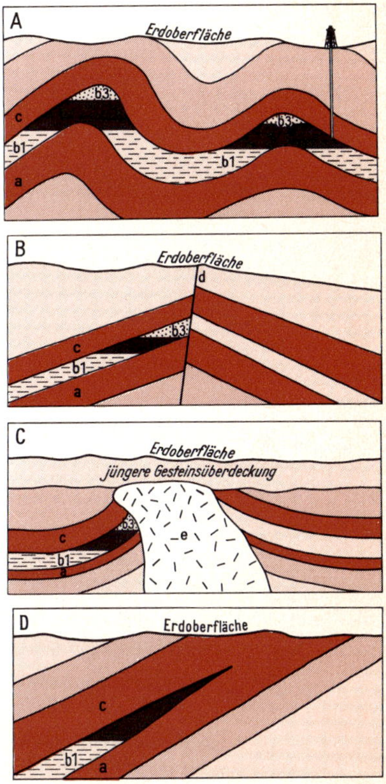

A Antiklinale Lagerstätte. Sättel (Antiklinalen) von gefaltetem Gestein bilden die Erdölfallen. Erdölbohrung (Bohrturm, Bohrloch) richtig angesetzt: Druck der Gaskappe treibt Öl im Bohrloch hoch

B Verwerfungslagerstätte. Abdichtende Verwerfungen sind die Ursache der Erdölfallen

C Salztektonische Lagerstätte. Die Flanke eines Salzstockes, dessen aufwärts gerichtete Bewegung die Gesteinsschichten hochgeschleppt hat, ist die Ursache von Erdölfallen

D Erdölfalle. Erdöllagerstätte in auskeilender, schief gestellter Gesteinsschicht

a Unterlagerndes (undurchlässiges) Gestein

b Erdölspeichergestein mit Porenräumen (z.B. Sandsteine)
  b1 Unterlagerndes Wasser (Lagerstättenwasser)
  b3 Gaskappe (Erdgas)
  Schwarze Flächen zwischen b1 und b3: Erdöl

c Überlagerndes (undurchlässiges) Gestein

d Verwerfung

e Salzstock (Steinsalz)

Raum für Zusätze

Bildung des Erdöls: *Plankton* (tierischen und pflanzlichen Ursprungs) in Schelfmeeren, besonders in Binnen- und Randmeeren, stirbt ab, sinkt auf den Boden; Sedimentation unter Sauerstoffmangel führt zu *Faulschlammsediment* (Blauschlick). Bei der nachfolgenden Diagenese des Sediments zu Sedimentgestein durch Druck der darauffolgenden Schichten entsteht *bituminöses, marines Sedimentgestein,* z.B. dunkle Kalke, Tone, Mergel („Ölschiefer"). Weitere Entwicklung: Aufsteigen (Migration) des Bitumens unter dem Einfluß von Temperatur und Druck des Gesteinskörpers, dabei stoffliche Veränderungen. Ansammlung in Erdölfallen: Erdöl-, Erdgaslagerstätten.

Beweis für organische Entstehung des Erdöls (abgesehen von den Lagerungsumständen, besonders der Beziehung zu den weit verbreiteten bituminösen Gesteinen): Gehalt an organischen Stoffen, die nur von Organismen aufgebaut sein können (z.B. Aminosäuren, optisch aktive Isomere).

Erdöl-, Erdgaslagerstättenabbau: 1. Natürliche „Entölung" im Zuge des Abbaus der Gesteinskruste (Asphalt als Lagerstättenrückstand). 2. Künstliche Förderung durch „Bohrungen" und Pumpbetrieb.

Umwandlungslagerstätten (syn- und epigenetisch): In kristallinen Schiefern *als Nebenwirkung der Metamorphose* (z.B. Graphitlagerstätten). – *Kontaktmetamorphe Lagerstätten.* – *Umwandlungslagerstätten* durch infiltrierte Mineralstofflösungen (besonders Ersatz von $CaCO_3$) oder andere Stoffaustauschvorgänge (Metasomatose) geschaffen (z.B. Eisenspat- oder Zinkspatlagerstätten).

Eisenerzlagerstätten: Eisen mit fast 5% (Gewicht!) *häufigstes Schwermetall* der uns bekannten Teile der Gesteinskruste. Daher Anreicherungen von Eisenmineralien weit verbreitet. Gegenwärtig erst ab etwa 25% Eisengehalt abbauwürdig, falls überhaupt ausreichende Gesamtmengen und Verkehrsverbindungen.

Unterschiedliche Entstehungsweise von Eisenerzlagern:

Liquidmagmatische Ausscheidungen (Magnetit Schwedisch-Lapplands).

Hydrothermale Lagerstätten (Pyrit von Südwest-Spanien, Brauneisen-Schwerspat-Gänge des Schwarzwaldes).

Sedimentäre, z. T. oolithische Anreicherungslagerstätten (Brauneisenerz der lothringischen Minette, von Salzgitter, vom Oberen See).

Höhlenartige Lagerstätten (Brauneisen-Bohnerze des Juragebietes).

Exhalationslagerstätten (submarin; Lahn-Dill-Gebiet).

Metamorphe Lagerstätten (Roteisen-, auch Magneteisenerz von Labrador, Brasilien, Kriwoi Rog).

Metasomatische Umwandlungs-Lagerstätten (Siderit und Brauneisenerz der Steiermark).

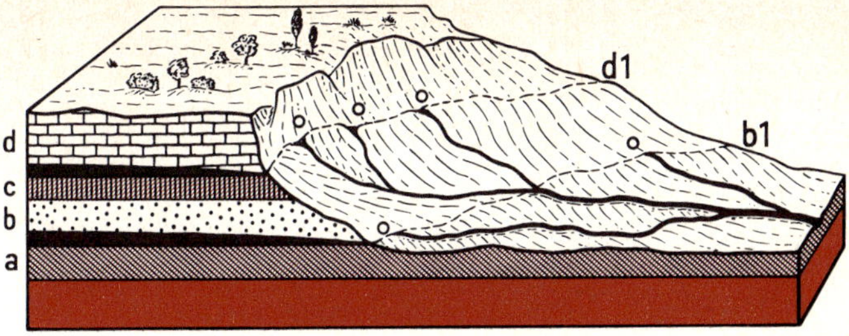

Quellen und Quellhorizonte

a, c wasserstauende Schichten (z.B. Tone, Mergel)
b, d grundwasserführende Schichten
(z.B. klüftige Kalksteine, Sandsteine)
b1, d1 Quellhorizonte
o Quellen
schwarze Schichten: Grundwasser

Techniken der Wasserversorgung

Einzelentnahme aus natürlichen (Bäche, Flüsse) oder künstlichen Wasseransammlungen (Zisternen, Stauseen u.a.) heute nahezu bedeutungslos.

Einzelbrunnen gewöhnlich bei Gehöften und industriellen Anlagen. Quell- oder Grundwasserfassungen, letztgenannte durch Schacht- oder Bohrbrunnen.

Sammelversorgungsanlagen einzelner Gemeinden oder Gemeindeteile aus Quell- oder Grundwassererfassungen. Speicherung in Hochbehältern.

Fernwasserversorgung großer Siedlungszentren meist aus Seen oder Stauseen (z.B. Bodenseewasserversorgung), auch aus ergiebigen Grundwasservorkommen.

In modernen Wasserversorgungsanlagen wird qualitativ nicht vollwertiges Wasser *aufbereitet* durch: *Filterung* (Befreiung von mechanischen Verunreinigungen und Mikroben), *Durchlüftung* (Befreiung von übermäßigem Eisengehalt), *Chlorung* oder *Ozonierung* (zur Desinfektion), in bestimmten Fällen *Enthärtung* (Ionenaustauschverfahren).

Für Wasserversorgung nur Süßwasser geeignet. In Trockengebieten wird auch gelegentlich *Brackwasser* (geringer Kochsalzgehalt) verwendet. Süßwasser ist im wesentlichen frei von Natrium und Chlor, besitzt aber immer eine gewisse „Härte“ (1 deutscher Härtegrad = Gehalt an 10 mg Kalziumoxyd bzw. Kalziumoxyd-Äquivalenz in 1 l Wasser).

Raum für Zusätze

Fossilien

(von lat. fossilis = aus der Grube stammend)

Reste vorzeitlichen Lebens (Versteinerungen, Petrefakten). Fast nur in Sedimentgesteinen. In kristallinen Schiefern infolge Umkristallisation keine sicheren Fossilien. Graphit und Kalkspat in Gneis und Glimmerschiefer werden als organogenes Material des Ursprungsgesteins gedeutet. Demnach Leben älter als ältestes unverändertes Sedimentgestein. Neben Sedimentgesteinen, die fast gänzlich aus Fossilien bestehen, auch fossilfreie (z.B. Wüstensedimente, Ablagerungen des Eises u.a.).

Makrofossilien (Großfossilien) mit bloßem Auge, *Mikrofossilien* (= mikroskopisch kleine Fossilien) mit Binokular oder Mikroskop sichtbar, durch spezielle Aufbereitungsmethoden aus dem Gestein zu lösen. Auch Blütenstaubkörner *(Pollen)* in Torf, Braunkohle und anderen limnischen Sedimentgesteinen sind Mikrofossilien. Makrofossilfreie Gesteine oft reich an Mikrofossilien.

Pollendiagramm eines nacheiszeitlichen Moorprofils bei Ravensburg: Die Waldentwicklung vom Ende der Würm-Eiszeit bis zur Jungsteinzeit

Waagerechte Zahlenreihe: %-Werte des gesamten Pollenbestandes im jeweiligen Niveau. Das Hasel-Eichenwald-Maximum entspricht dem postglazialen Klimaoptimum um 7000 v. Chr.

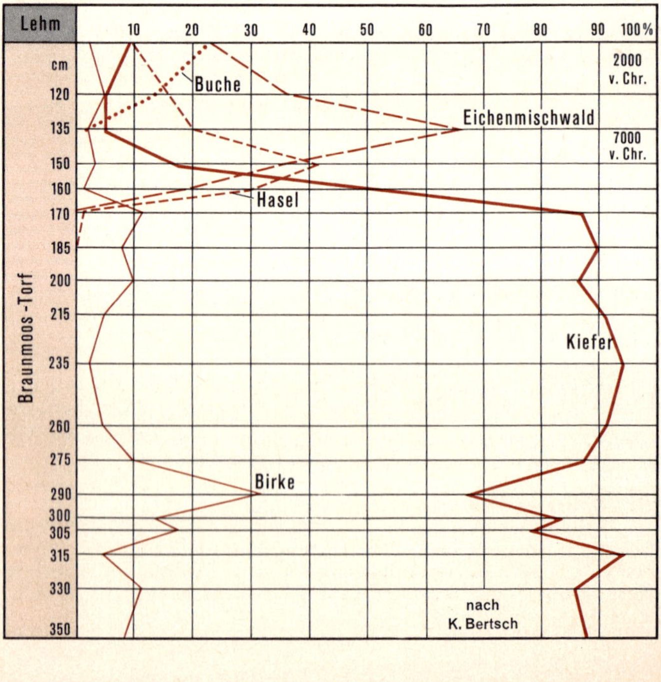

Mikropaläontologie: Zweig der angewandten Paläontologie (S. 7). Doppelte Bedeutung für die Geologie:

Raum für Zusätze

1. Bei Tiefbohrungen, besonders auf Erdöl: Möglichkeit der *stratigraphischen Horizontbestimmung* auf Grund des Mikrofossilgehalts (besonders wichtig Foraminiferen).

2. Erforschung der Vegetations- und damit der Klimaentwicklung im Quartär durch Bestimmung der prozentualen Verteilung von fossilierten Pollen (Blütenstaub) in Süßwassersedimenten und im Torf durch *Pollenanalyse;* Darstellung in Form von Pollendiagrammen.

Nomenklatur

Fossilien nach internationalen Regeln für biologische Nomenklatur in lateinischer Form benannt: *Gattungsname* als lateinisches Hauptwort, *Artbezeichnung* meist als Eigenschaftswort an 2. Stelle, oft Name des Autors der biologischen Artbezeichnung in großen Lettern hinzugefügt. Beispiel: Ceratites nodosus HAUER = die Art nodosus (der Knotige) der Gattung Ceratites (Hornling). Bezeichnungen wie Donnerkeil, Ammonshorn, Steinuhr volkstümlich. Alle Fossilarten (species) in die auf das ausgestorbene Leben ausgedehnte biologische Systematik eingeordnet (Gattungen, Familien, Ordnungen, Klassen, Stämme). Den heutigen Lebewesen nahestehende Fossiltypen leicht einzuordnen, in älteren Gesteinen Fossilien aus heute nicht mehr existierenden Lebewesengruppen.

Geologische Bedeutung einiger Fossiltypen beruht auf weiter Verbreitung und großer Häufigkeit bei zeitlich raschem Formenwandel und guter Erhaltung. Siehe auch Kap. „Bedeutung der Fossilien" S. 34.

Entstehung der Fossilien

Voraussetzung für Erhaltung abgestorbener Organismen oder ihrer Teile ist Einschluß in Sediment. Fossilisation ist ein diagnetischer Prozeß.

Formen der Fossilisation

Erhaltung des Tier- oder Pflanzenrestes in *ursprünglicher Substanz* (Kalkschalen, Skelettelemente, Zähne, Horngebilde, Sporen- und Blütenstaubhüllen, chitinöse Bestandteile usw.).

Erhaltung als *Steinkern* infolge Ersatzes der ursprünglichen Substanz durch eingedrungene Mineralsubstanzen (Kalkspat, Kieselsäure, Pyrit).

Erhaltung als *Abdruck*, besonders in Feinsedimenten. Auf diesem Weg sonst kaum erhaltungsfähige Pflanzen- und Tierreste überliefert (Quallen, Plattwürmer u. a.). Sonderfälle: Kriech- und Tretspuren, Wohnröhren, Grabgänge.

Erhaltung durch *Inkohlung* (Inkohlung s. unter Diagenese, S. 16), besonders bei Pflanzen, aber auch bei Tieren (Weichteilgrenzen von Ichthyosauriern der Ölschiefer u. a.).

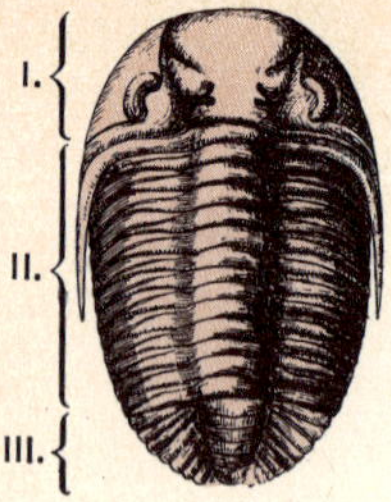

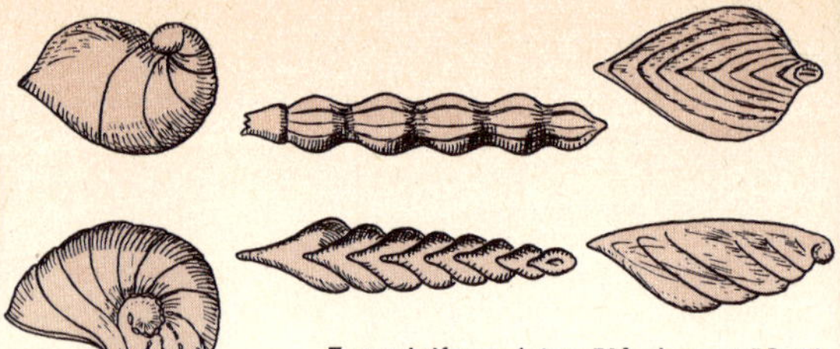

Foraminiferen (etwa 50fach vergrößert)

Links: Trilobit (Rückenseite): I. Kopfschild, meist mit Facettenaugen; II. Rumpf mit verschieden großer Anzahl von Segmenten; III. Schwanzschild, aus mehreren Segmenten verwachsen

Geologisch bedeutsame Organismentypen

Die nachfolgend aufgeführten, für den Geologen besonders wichtigen Typen von Organismen spielen in der heutigen Lebewelt keine oder eine nur untergeordnete Rolle:

Trilobiten (Dreilappkrebse). Nur im Erdaltertum vorkommend; dreiteilig (quer und längs).

Asselähnliche Meerestiere (bis $^1/_2$ m Länge); Verwandte der Krebse; fähig zur Einrollung. Leitfossilien für Kambrium und Silur.

Relativ früh hoch entwickelter Tiertyp: Kopfschild meist mit Facettenaugen, Rumpf aus einer mehr oder weniger großen Zahl von Segmenten, Schwanzschild verwachsen aus mehreren Segmenten. Meist mikroskopisch klein.

Foraminiferen (Lochträger). Einzeller mit Schalen aus Kalk, Kieselsäure, Chitin, verkittetem Sand. Schalen oft durchlöchert (Durchtritt der Pseudopodien = Scheinfüßchen), mitunter gekammert. Gestalt der Gehäuse sehr verschiedenartig, oftmals schneckenähnlich. Größte Foraminiferen: Nummuliten (bis 6 cm Durchmesser).

Graptolithen. – Rechts: Graptolithenkolonie: a Schwimmblase, b Fortpflanzungsblasen, c Äste (Rhabdosome) mit zylindrischen Zellen (Theken)

Darstellung in annähernd natürlicher Größe

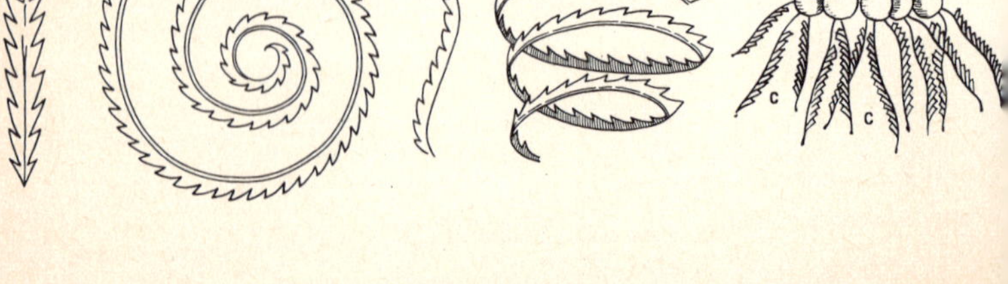

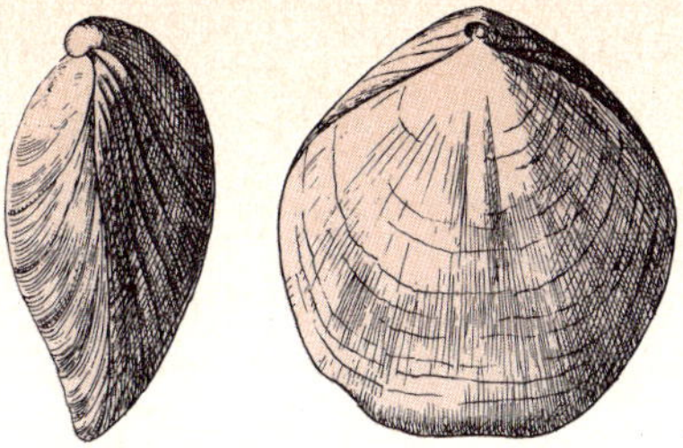

Brachiopoden: links Seitenansicht, rechts Rückenansicht

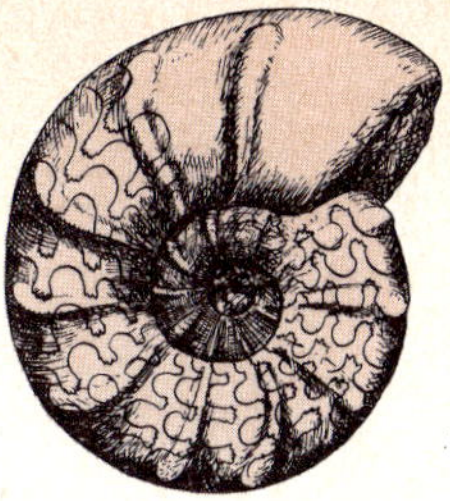

Ammonit: Die stark gezackten Linien sind die Lobenlinien; Ammoniten von wenigen mm bis 2 m, im Durchschnitt 5–20 cm Durchmesser

Geologisch wichtigere Gattungen: *Fusulina* (in Kohlenkalk des Karbon), *Nummulites* (in tertiären Kalken), *Lagena* und *Textularia* (besonders im Tertiär), *Globigerina* (auch im Schlamm der heutigen Tiefsee [Globigerinenschlamm]).

Foraminiferen in gesamter Erdgeschichte vorkommend, besonders aber im Tertiär. Wichtige Orientierungsfossilien der Erdölgeologie. Foraminiferenpaläontologie = wichtigster Teil der Mikropaläontologie.

Graptolithen (Schriftlinge), Leitfossilien des Silur. Als Skelette von Kolonien einfacher Hohltiere gedeutet; massenhaft im Silur. Jeder Höcker entspricht dem Sitz eines Polypen.

Brachiopoden (Lochmuscheln, „Armfüßer"). Wichtige Leitfossilien, von Präkambrium bis Gegenwart, massenhaft im Paläozoikum vorkommend, auch im Muschelkalk und Jura. Tiergruppe aus der weiteren Verwandtschaft der Würmer, äußerlich jedoch den Muscheln ähnlich: 2 Schalenklappen.

Geologisch wichtige Gattungen: *Lingula* (Kambrium bis Gegenwart unverändert), *Productus* (im Karbon), *Spirifer* (im Devon), *Rhynchonella* und *Terebratula* (Sammelgattungen besonders von Trias und Jura).

Belemniten, Verwandte der heutigen Tintenfische. Auftreten etwa von der Wende Trias/Jura bis Wende Kreide/Tertiär. Meist nur das *Rostrum* (immer Hartteil) erhalten.

Rekonstruktion eines Belemniten (Rostren der Belemniten von wenigen mm bis 0,50 m, im Durchschnitt 5–15 cm Länge)

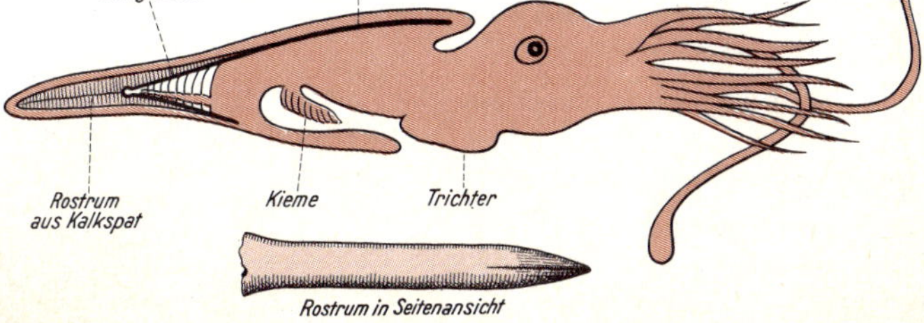

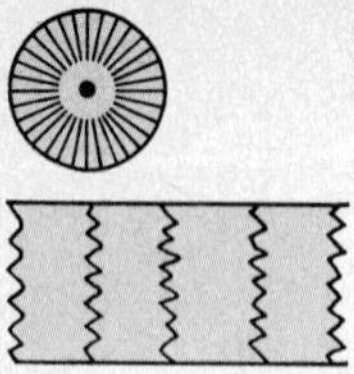

Oben: Stielglied einer Seelilie; Ansicht von oben (etwas vergrößert)
Unten: Vier Stielglieder im Verband von der Seite

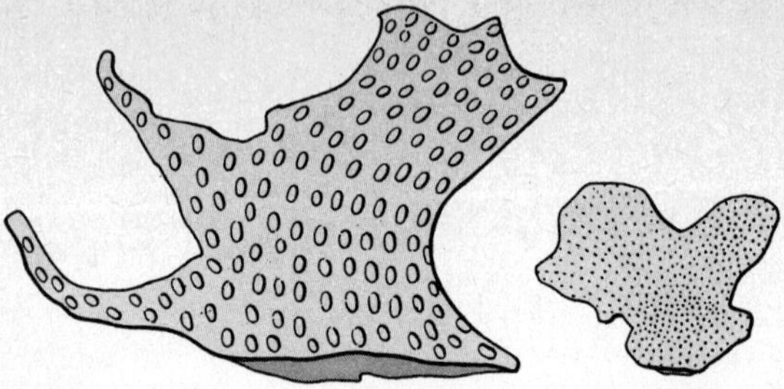

Bryozoen: links Retepora (wenig vergrößert); rechts Fenestella (natürliche Größe)

Ammoniten (nach dem Gehörn des dem Jupiter Ammon heiligen Widders). Kopffüßler; Beginn Silur, Ende Grenze Kreide/Tertiär. Drei Höhepunkte: Devon (Altammoniten), Trias (Mittelammoniten), Jura und Kreide (Neuammoniten).

Unterscheidung der Arten u.a. nach den *Lobenlinien* (Anwachslinien der Kammerscheidewände).

Seelilien. Festgewachsene, meist langgestielte, zu den Echinodermen gehörende Meerestiere mit radialer Symmetrie auf der Basis der Zahl 5. In Krone (Kelch mit Armen) und Stiel (oft lang) gegliedert. Stiel aus vielen Stielgliedern zusammengesetzt: kurze, aus Kalkspat bestehende, zylindrische oder prismatische Gebilde. Als Trochiten bezeichnet, bauen diese Glieder oder volle Stielverbände Gesteinsbänke auf, z.B. im deutschen Muschelkalk. Höhepunkt schon im Paläozoikum. Heute unbedeutend.

Bryozoen (Moostierchen). Kleine, in Kalkgehäusen lebende, durch Knospung vielgestaltige, unregelmäßige Tierkolonien, die kleine, z.T. aber auch große, riffartige Bauwerke bilden. Verwandte der Brachiopoden. Vorkommen seit dem Kambrium.

Bedeutung der Fossilien

Biologisch: Möglichkeit der Rekonstruktion vorzeitlichen Lebens und seiner Entwicklungsgeschichte (Abstammungslehre).

Geologisch-paläogeographisch: Mithilfe bei Rekonstruktion vorzeitlicher Zustände der Erdoberfläche, wie Klima, Küstenverlauf, Gewässernetz, Vegetation, Meerestiefen und -strömungen usw. bei der erdgeschichtlichen Gesteinsanalyse.

Geologisch-stratigraphisch: Gliederung der Gesteinsfolgen, da jede Fossilart nur von begrenzter vertikaler Reichweite *(Leitfossilien)*. Ideales Leitfossil: kurzlebig, d.h. von geringer vertikaler Reichweite im Profil, weit verbreitet, gut erhaltungsfähig, auch in Bruchstücken noch bestimmbar, häufig vorkommend.

Geologische Landesaufnahme

Grundlegende Aufgabe der Geologie als Wissenschaft: Beobachtung, Aufnahme und Darstellung (Kartierung) des Baus der Gesteinsrinde (geologische Dokumentation). Ausführung durch staatliche geologische Dienste (in der BRD: *Geologische Landesanstalten* der Bundesländer). An dieser Funktion die geologischen Hochschulinstitute beteiligt, gelegentlich (bei besonderen Aufgaben) Fachkommissionen, in ihren Konzessionsgebieten die Erdöl- und Bergbaugesellschaften, mitunter Tiefbauunternehmen, ferner Liebhabergeologen.

Ergebnis: Geologische Spezial- und Sonderkarten, Profile, Bohrprotokolle, Tabellen, wissenschaftliche Abhandlungen, Archivmaterial usw. Von besonderem Wert als Urkunden die amtlichen geologischen *Spezialkarten* mit Erläuterungen (in Deutschland die „Geologische Spezialkarte 1 : 25000“; Aufnahme nicht abgeschlossen).

Große Unterschiede in Stand und Zuverlässigkeit der geologischen Landesaufnahme verschiedener Länder; bedingt durch geologische Tradition sowie politische und zivilisatorische Entwicklung, unterschiedliche Beobachtungsmöglichkeiten (Bodendecke, Pflanzenkleid, Aufschlüsse, Zugänglichkeit des Gebietes, Kompliziertheit des Gesteinsaufbaus).

Geologische Übersichtskarten meist Ergebnis generalisierender Kompilation von Karten aus primärer geologischer Geländeaufnahme.

Farbgebung bei geologischen Karten grundsätzlich, soweit als möglich, nach internationaler Übereinkunft (z. B. blaue Töne für Jura, gelbe Töne für Tertiär). In traditionellen geologischen Karten bei den Sedimentgesteinen stratigraphische (= erdgeschichtliche) Einheiten ohne Rücksicht auf gesteinsartliche Ausbildung unterschieden (z. B. „Keuper“ und nicht „Mergel“), dagegen bei den Glutflußgesteinen und kristallinen Schiefern meistens petrographische Einheiten (z. B. „Phonolith“ und nicht „Obermiozän“; „Ganggranit“ und nicht „Oberkarbon“).

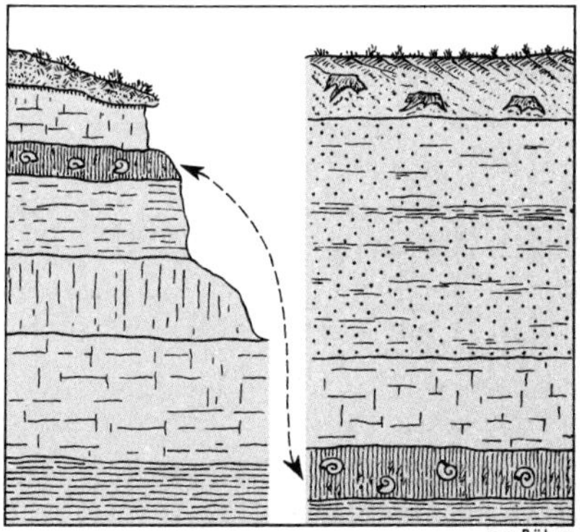

Die gleichen Fossilien in verschiedenen Aufschlüssen lehren, daß die Schichten rechts jünger sind als im größten Teil des Aufschlusses links

Raum für Zusätze

Geotechnische Karten moderne Variante der Darstellung der Oberfläche der Lithosphäre nach tiefbautechnischen Bedürfnissen; wesentlich dabei die Darstellung der gesteinsartlichen Verhältnisse statt der stratigraphischen Stellung des Gesteins.

Thematische geologische Karten: Grundwasserkarten, Schichtlagerungskarten, tektonische Karten (mit Bruchlinien, Überschiebungsdecken usw.).

Geologische Profile wichtige Ergänzung geologischer Karten, z.T. unmittelbare Wiedergabe von Geländeaufnahmen oder Bohrungen, z.T. nur aus Gesteinsverteilung und -lagerung an der Erdoberfläche konstruiert. Aus zeichnerischen Gründen meist starke Überhöhung, was leicht zu falschen Vorstellungen führt.

Geologische Blockbilder (zeichnerische Vereinigung von geologischer Karte, geologischem Profil und Darstellung der Bodengestalt) besonders anschaulich durch räumliche Wirkung. Zusammenhang zwischen Oberflächengestalt (Relief) einerseits sowie Gesteinswechsel und -lagerung andererseits meist sehr sinnfällig.

Methoden zur Untersuchung des Untergrundes

Gelegenheitsbeobachtungen

Beobachtungen in *Aufschlüssen*, d.h. Steinbrüchen, Sand-, Lehm-, Ton-, Mergelgruben, Weg-, Eisenbahneinschnitten, Bergstürzen, Baugruben, Tunneln, Stollen.

Beobachtungen am *Bodenmaterial*, besonders Bodenskelett (Gesteinsbrocken), Bodenfärbung, Bodenfeuchtigkeit.

Beobachtung des *natürlichen Bewuchses* (Arten und Habitus der Pflanzen).

Technische Methoden

Herstellung von *Einschlägen*, besonders zu bodenkundlichen und bautechnischen Zwecken.

Bohrungen: *Handbohrungen* bis etwa 4 m Tiefe (Boden- und Baugrunduntersuchungen, geologische Kartierung im engeren Sinne). – *Flachbohrungen* mit einfachem Gerüst (Wassererschließung in geringen Tiefen, Bautechnik). Heute meist auch maschinell, bis etwa 50 m Tiefe.– *Tiefbohrungen* mit Turm und Maschinenantrieb (Wassererschließung in größeren Tiefen, Erdölbohrungen, Aufschlußbohrungen für Bergbau usw.).

Unterscheidung von Spül-, Stoß-(Meißel-) und Drehbohrung. Zum Schutz des Bohrlochs bei Flach- und Tiefbohrungen Verrohrung.

Geophysikalische Methoden: *Gravimetrie* (Drehwaage), beruht auf der durch Überdeckung wirksamen unterschiedlichen Massenanziehung verschiedener Gesteinskörper. – *Erdmagnetische Untersuchungen* (mit Magnetometer) beruhen auf der Magnetnadelablenkung durch gewisse Gesteine infolge ihres Gehalts an bestimmten Mineralien (z. B. Magnetit in Basalt). – *Erdelektrik* macht Gebrauch von unterschiedlicher elektrischer Leitfähigkeit der Gesteine, besonders im Zusammenhang mit der Grundwasserführung. — *Seismik* beobachtet Fortpflanzungsintensität und -geschwindigkeit sowie Reflexionserscheinungen künstlich erzeugter Erdbebenwellen (durch Sprengungen). – *Geigerzähler* ermöglicht Nachweis radioaktiver Mineralien. – *Grundwassermarkierung* durch Farbstoffe, Kochsalz u. a. zur Ermittlung von Fließrichtung und -geschwindigkeit unterirdischen Wassers.

Raum für Zusätze

Die bei der Gestaltung der Erdrinde wirksamen Kräfte

Gesteinsrinde ist nach Material und Bau Ergebnis von Vorgängen und Kräften, die während der Erdgeschichte wirksam waren und in der Gegenwart fortdauern.

Idealbild einer Schwereanomalie an der Erdoberfläche über unterirdischer Kuppel von Gesteinsmaterial geringerer Dichte (z. B. Salzdom), festgestellt mit Hilfe eines Gravimeters (Drehwaage). Pfeile entsprechen Richtung und Intensität der Schwerezunahme. An den Rändern solcher Salzstöcke mitunter Erdölfallen. Salzstöcke Produkt des Aufsteigens von plastischem Steinsalz unter Wirkung des Drucks überlagernder Gesteinsmassen an Schwächepunkten der Erdkruste (Kreuzung von Verwerfungssystemen)

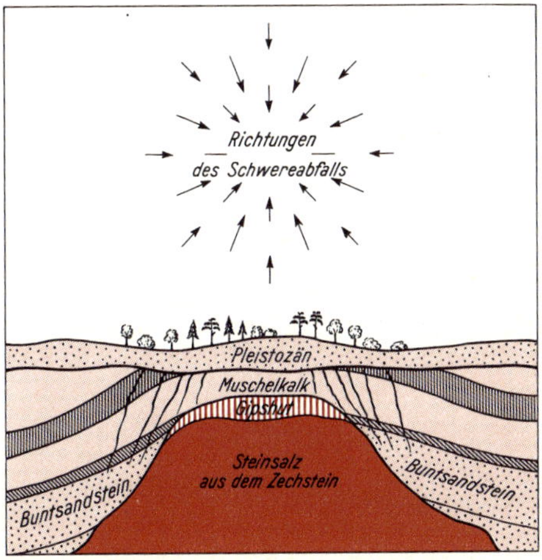

Raum für Zusätze

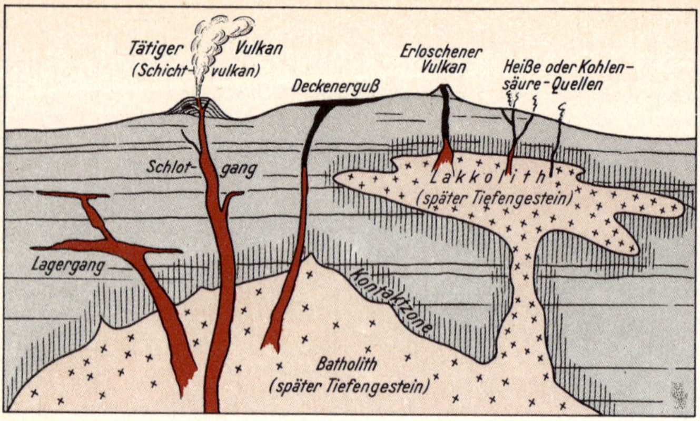

Bildungen aufsteigenden Glutflusses in der Erdkruste (nach G. Wagner)

Endogene (innenbürtige) Kräfte (endogene Dynamik): Einflüsse aus dem Erdinnern, beruhend auf Energiegehalt des tieferen Erdinnern, auch auf wechselndem Einfluß kosmischer Anziehungskräfte auf die mobilen Massen des Erdinnern. Überwiegend aufbauend, reliefsteigernd.

Exogene (außenbürtige) Kräfte (exogene Dynamik): Einwirkungen atmosphärischen Ursprungs (Klima); letztlich auf der Sonnenenergie beruhend. Vorwiegend abbauend, reliefausgleichend.

Die endogenen Vorgänge

Vulkanismus

Alle mit Emporsteigen von Magma (Gesteinsschmelze, Glutfluß) verbundenen Erscheinungen:

Ausfluß und Auswurf von Magma durch Schlote und Spalten der Erdkruste (Vulkane im engeren Sinne). Ausfließendes Magma = *Lava.* Je nach Geländeart Lavaströme, Lavazungen; durch Gasentbindung zerspratzte Lava: Bomben, Lapilli, Aschen. Schmelzflußtemperaturen bis über 1300° C. Lava ergibt Ergußgestein.

Gas-Exhalationen sind spätvulkanische Erscheinungen: Solfataren (SO_2), Mofetten (CO_2), Fumarolen (Wasserdampf).

Heiße Quellen sind nachvulkanische Erscheinungen, enthalten mehr oder weniger gelöste Stoffe, z. T. als Sinter abgesetzt (Kieselsinter, Kalksinter).

(*Plutonismus* ist Tiefenvulkanismus; Erstarrung von Magma in der Erdrinde (Tiefengestein), ohne die Erdoberfläche zu erreichen: *Lakkolithe*, das sind pilzförmige Tiefengesteinsstöcke mit dünnem Förderschlot, *Batholithe*, das sind wurzellos nach der Tiefe sich erweiternde Tiefengesteinsstöcke.)

Erdbeben

Aus dem Erdinnern kommende Erschütterungen der Gesteinskruste, ausgehend von einem *Erdbebenherd* in der Tiefe (Hypozentrum). *Epizentrum* ist die über dem Erdbebenherd an der Erdoberfläche liegende Stelle, die zuerst und am stärksten von den Erdbebenwellen erschüttert wird. Erdbebenwarten mit Seismographen beobachten und registrieren Erdbebenstoßwellen *(Seismogramme)*.

Vulkanische Beben: Begleiterscheinung des Vulkanismus. Herdtiefe gering, Wirkung räumlich begrenzt.

Tektonische Beben (Dislokationsbeben): Folge ruckartiger Verschiebungen, an Störungslinien in der Gesteinshülle. Oft große Herdtiefe (bis zu Hunderten von km), räumlich ausgedehnte Wirkung; häufigste Erdbebenart.

Einsturzbeben: Folge von Hohlraumeinbrüchen, geringe Wirkung, exogene Ursache; keine Erdbeben im eigentlichen Sinne.

Zonen häufiger vulkanischer Erscheinungen der Erde auch Zonen größerer Erdbebenhäufigkeit: Vulkanismus und Erdbeben Begleiterscheinungen oder Folgen endogener Primärvorgänge, nämlich der Krustenbewegungen (Orogenese und Epirogenese).

Orogenese (Gebirgsbildung)

Nach der geologischen Terminologie bezieht sich „Gebirgsbildung“ auf tektonische Strukturen (z. B. Horste, Gräben, Falten, Flexuren), im Gegensatz zum geographischen Sprachgebrauch, in dem „Gebirge“ als Reliefbezeichnung verstanden wird.

Vorgänge meist allmählicher Verschiebung von Krustenteilen gegeneinander. Sie verursachen den für einen Raum charakteristischen Krustenbau (Tektonik, Gebirgsbau).

Verschiebung an Bruchlinien führt zu *Verwerfungen*. Sprunghöhe = Betrag der Verwerfung in der Vertikalen. An Verschiebungsflächen entstehen Verschiebungsbrekzien oder Verwerfungsharnische (durch Reibung geglättete Gesteinsflächen).

Die meisten Verwerfungen an vertikal gerichteten Bruchlinien, Blatt- oder Transversalverschiebungen durch ausschließlich horizontale Dislokation bedingt.

Verwerfungssysteme mit ungefähr paralleler Klüftungsrichtung, z.B. *variszisches* = erzgebirgisches (SSW–ONO), *herzynisches* = thüringisches (SO–NW), *rheinisches* (N–S) System in Mitteleuropa.

Abgesehen von Verwerfungen im Raum von „Orogenen“ wird der ganze Gesteinskörper von Bruchlinien in diesen Richtungen durchsetzt (wichtig für Gesteinsabbau in Steinbrüchen).

Raum für Zusätze

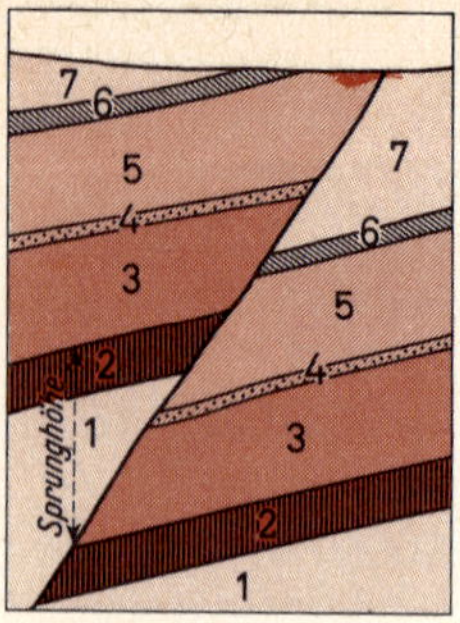

Verwerfung; 1–7 konkordante Schichtenfolge

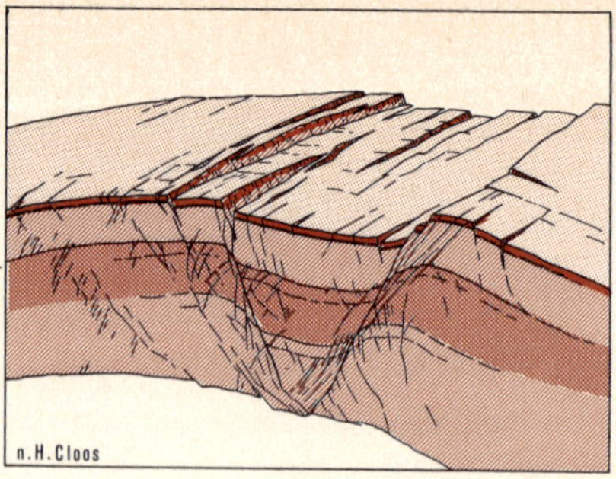

Schema eines Grabenbruchs

Ergebnis von Verwerfungen sind Schollen (meist als Kippschollen), Horste, Treppenbrüche, Gräben. Diese Erscheinungen als *germanotype* Tektonik bezeichnet, da in Mitteleuropa für das Reliefmosaik charakteristisch.

Flexuren sind *Verbiegungen*, meist ohne Bruchlinien. Häufig in Verwerfungen übergehend.

Faltungen sind stärkere *Verbiegungen* von Krustenteilen, besonders von Schichtgesteinspaketen; bilden meist parallele Sättel *(Antiklinalen)* und Mulden *(Synklinalen)* bestimmter Richtung (sinnfällig im Schweizer Jura: Ketten entsprechen Antiklinalen, Täler Synklinalen). Unterscheidung von stehenden, schiefen, überkippten und liegenden Falten, mitunter übergehend in großräumige Gesteinsdecken (Überschiebungsfalten) mit schwer analysierbarer Gesteinsanordnung, oft Jüngeres unter Älterem. Kleinfaltung wird als *Fältelung* bezeichnet. Zonen der Krustenfaltung zugleich Zonen gehäufter Verwerfungstektonik.

Faltung und Deckenbildung, auch mit großräumigen Überschiebungen = *alpinotype* Tektonik, da besonders typisch für die Alpen und ihre Gebirgsfortsetzungen nach West und Ost.

Blockbild einer Flexur. An den Bruchlinien fanden keine Verschiebungen statt

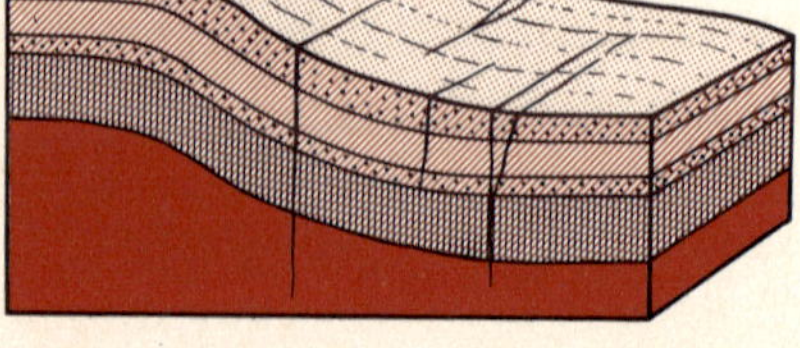

Gesteinsfalte

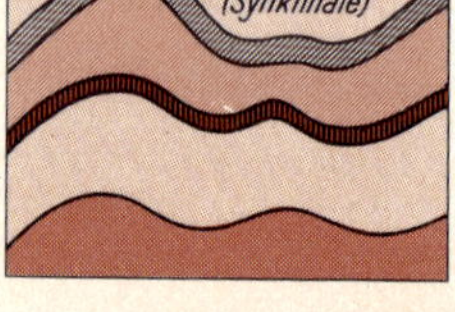

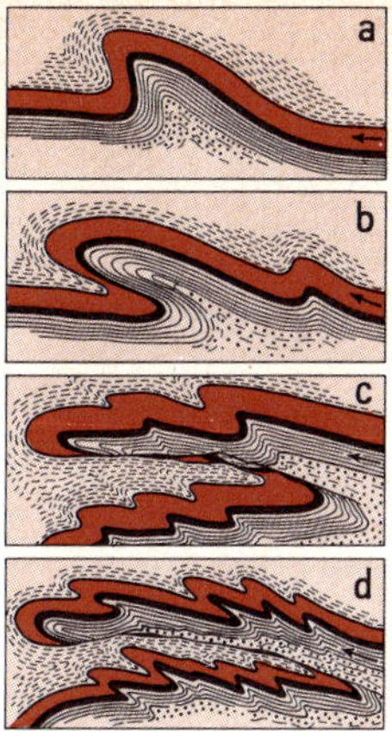

Entwicklung einer Falte zur Decke (nach Egli)
a Überkippte Falte
b Liegende Falte mit reduziertem Mittelschenkel
c Liegende Falte mit zerrissenem Mittelschenkel
d Überschiebungsfalte oder Decke
Die Pfeile geben die Druckrichtung an

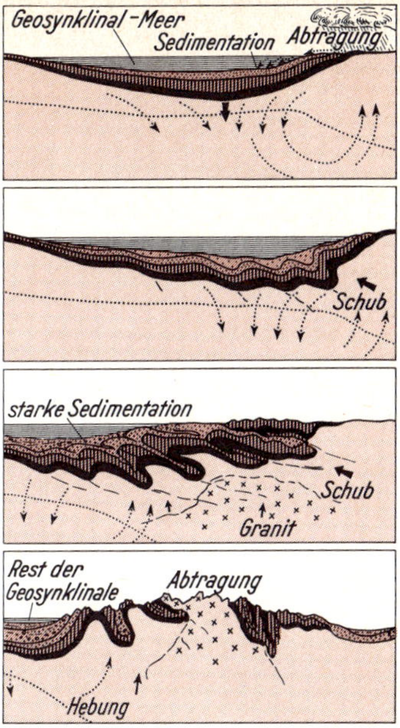

Entwicklung eines Faltengebirges aus einer Geosynklinale

Ergebnisse der Orogenese beweisen weiträumige Horizontalbewegungen in der Gesteinskruste.

Im Laufe der Erdgeschichte mehrere Perioden intensiver Orogenese, zerfallend jeweils in verschiedene Phasen. Ergebnis vor allem die weit ausgedehnten Faltengebirgsgürtel. Letzte Periode (alpide Gebirgsbildung) hinterließ die heutigen Hochgebirge wie Alpen, Himalaya, Kordilleren (vgl. Tab. S. 132). Vulkanismus und Erdbebentätigkeit in der Gegenwart stehen in Beziehung zur ausklingenden alpiden Orogenese.

Epirogenese (festlandbildende Vorgänge)

Räumlich weitgespannte, langsame *Hebungen* und *Senkungen* der Erdkruste ohne Veränderung der tektonischen Struktur, oft in räumlichem und zeitlichem Zusammenhang mit Orogenese, z. B. Senkung führt zur Bildung von *Geosynklinalen* als Vorbereitung für Faltung; nach der Faltung Aufsteigen der Erdkruste (z.B. Alpen). Epirogenetische Hebung Skandinaviens nach Ende der Eiszeit im Zusammenhang mit Abschmelzen des Eises (*Isostasie*, vgl. S. 9).

Raum für Zusätze

Epirogenetische Bewegungen erkennbar u. a. in regionalen *Transgressionen* (Vorstößen) oder *Regressionen* (Rückschreiten) von Meeren. (Weltweite Transgressionen und Regressionen können auch Folge von *eustatischen Meeresspiegelschwankungen* sein, besonders im Zusammenhang mit Eiszeiten, durch Veränderung der Gesamtwassermenge der Meere.)

Orogenese und Epirogenese schaffen und verjüngen Rohbau der Erdoberfläche. Wirkung der Epirogenese sinnfällig durch heutige Höhenlage von Gestein (oft Tausende von Metern über N.N.), das in großer Tiefe der Erdkruste oder am Meeresboden gebildet ist.

Orogenetische Wirkungen z. B. an Felswänden (steil gestellte Schichtgesteine, Klüfte, Verwerfungen, Verfaltungen des Gesteinsmaterials) besonders im Gebirgsland direkt zu beobachten.

Geotektonische Theorien

Versuche einer ursächlichen Erklärung der Massenbewegungen der Lithosphäre bei Orogenese und Epirogenese. Trotz intensiven wissenschaftlichen Bemühens bis jetzt keine allgemein gültige Erklärung.

Wichtigste Hypothesen:

1. *Kontraktions-(Schrumpfungs-)Theorien:* Bewegungsantrieb aus thermischer, d.h. durch Abkühlung bewirkter, allgemeiner Schrumpfung der Erde (Suess) oder allgemeiner gravitativer Verdichtung der Erde (*Orogentheorie* von Kober) oder aus nur gebietsweiser Schrumpfung *(Konstriktionstheorie)*. Heute stark angezweifelt.

2. *Theorie der thermischen Zyklen, Expansions- oder Radioaktivitätstheorie* (Joly, Kirsch, Holmes): Periodisch erneuerter Bewegungsantrieb in-

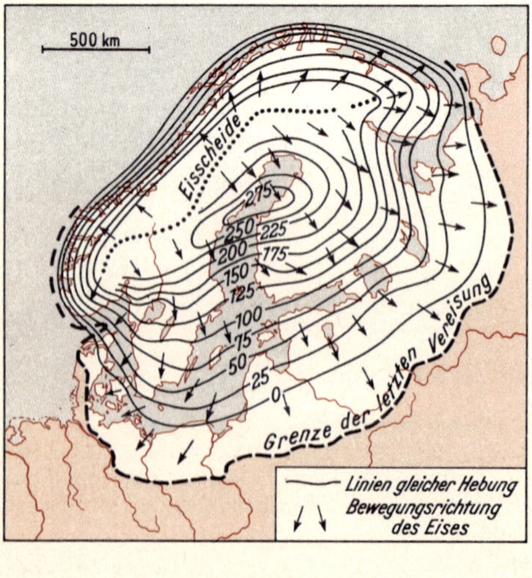

Epirogenetische Heraushebung Fennoskandiens seit der letzten Vereisung. Die Zahlen geben den Betrag der Hebung in Metern an folge radioaktiver Wärmeproduktion mit Wärmestauungen im Gesteinskörper (Ausdehnung des Erdkörpers).

Raum für Zusätze

3. *Pulsationstheorie* (Ussow, Obrutschew) rechnet mit einem pulsierenden Wechsel zwischen Kontraktion (1) und Expansion (2).

4. *Unterströmungstheorie* (Ampferer, Schwinner, Cloos, Kraus) geht aus von Konvektionsströmungen im subkrustalen plastischen Untergrund als Kraftquelle. Unterströmungstheorie besonders von der Alpengeologie her geprägt. Geosynklinalen als Gebiete aufgefaßt, unter denen Magmaströmungen in die Tiefe tauchen. Hier anzuschließen *Kühlbodentheorie* (Wundt), die mit abkühlender Wirkung der Ozeane auf ihren Untergrund rechnet (in 4000 m Tiefe der Ozeane 0–4° C, in gleicher Tiefe unter dem Festland 100–150° C).

5. *Oszillationstheorie* (Haarmann): Krustenbewegungen durch rhythmische kosmische Einflüsse im Sinne der Gravitation auf den Erdkörper und dadurch Verlagerung der Magmamassen unter der Kruste verursacht. Folge: weiträumige Großverbiegungen (*Geodepressionen, Geotumoren*). Höhenunterschiede führen zum Abgleiten der Deckschichten über den Geotumoren und dadurch zu Gebirgsbildung in den Senken.

6. *Undationstheorie* (van Bemmelen): Ursache der Krustenbewegungen sind Vorgänge der Differenzierung in spezifisch leichtere sialische Massen (nach oben) und schwerere simatische (nach unten). Dadurch Hebungen und Senkungen (*Geoundationen*) mit Gleitungen.

7. *Kontinentalverschiebungstheorie* (Wegener) s. S. 65.

8. *Magmatische Theorien* (v. Buch, v. Humboldt) erkennen aufsteigendem Magma aktive Rolle bei Krustenbewegungen zu (S. 39), heute abgelehnt.

Bautypen der Gebirge

Gebirge, „Orogene", im geologischen Sinne tektonische Einheiten. Maßgebend Art der orogenen Formung, am inneren Gefüge erkennbar.

Faltengebirge gehen aus Geosynklinalen hervor. Heutige Hochgebirge sind zum größten Teil junge Faltengebirge. Vornehmlich aus Sedimentgestein mit mehreren km Mächtigkeit aufgebaut; alpinotype Gebirge.

> *Deckengebirge* sind Abart der Faltengebirge, stärker zusammengeschoben, daher riesige Überschiebungsdecken; s. „Alpen", S. 112 ff.

Schollengebirge durch Horste, Schollen und Gräben gekennzeichnet, stark verworfen; entstehen im Nachbargebiet der Geosynklinalen; keine Falten, höchstens Flexuren in den geringmächtigen und nicht überall vorhandenen Sedimentgesteinen; typisch für mitteleuropäischen Raum; germanotype Gebirge.

> *Bruchfaltengebirge* den Schollengebirgen verwandt. Horste, Schollen und Gräben von Sedimentgesteinsdecke verhüllt: Sättel über Horsten, Mulden über Gräben, Beulen über Salzdomen; typisch für Nordwestdeutschland.

Raum für Zusätze

Die exogenen Vorgänge

Verwitterung (= Bodenbildung)

Siehe unten Kapitel „Verwitterung und Bodenbildung".

Abtragung

Abtragung von Gesteinsschutt (Verwitterungsprodukte, Bodenmaterial):

Abrasion (Meeresbrandung): Besonders bei Transgression des Meeres; häufig Kliffbildung.

Denudation (flächenhaft wirkende Abtragung): Typisch für Trockengebiete mit Platzregen; landwirtschaftliche Schäden (*soil erosion* = Bodenzerstörung), z. B. in den Plains der USA, in Trockengebieten der UdSSR.

Erosion (linienhaft wirkende Abtragung durch fließendes Wasser von Bächen und Flüssen): Erosionskraft abhängig von Wassermenge und Gefälle (Gefälle bedingt durch Tiefe der *Erosionsbasis*). Wechselspiel von Erosion und Aufschüttung (durch Untergrundbewegung oder Klimawechsel) führt zur Bildung von Flußterrassen (S. 61).

Exaration (Gletschererosion) durch abtragende Tätigkeit von Gletschern, linienhaft durch Gletscherzungen (U-förmige Talquerschnitte mit Trogschultern z. B. in den Alpen), flächenhaft durch breite Gletscherströme oder Inlandeis (Rundhöckerlandschaft mit Schrammen in Richtung der Eisbewegung).

Deflation: Abtragende Wirkung des Windes als *Korrasion*, d. h. Windschliff durch mitgeführten Sand (Ergebnis: Sandschliff, Hohlkehlen), und *Ablation*, d. h. Wegblasen bereits gelockerten Materials (Staub, Sand, Kies).

Absturz von Lockermaterial infolge der Schwerkraft: Schuttfuß der Steilhänge von Gebirgen, besonders in Trockengebieten.

Akkumulation (= Sedimentation)

Ablagerung von transportiertem Gesteinsschutt als Sediment, vielfach unter Beteiligung von Organismen (Sedimentation, s. Kapitel „Sediment-, Absatz- oder Schichtgestein", S. 15 ff.).

Verwitterung und Bodenbildung

Mechanische und chemische Gesteinszerlegung durch Einfluß von Atmosphäre und Organismen. Produkt: *Boden* im weitesten Sinne.

Boden ist mehr oder weniger mächtige Bedeckung des eigentlichen Gesteins, einige cm bis einige m dick, ohne scharfe Untergrenze gegen das „Anstehende".

Bodendecke nach Material, Struktur (räumliche Anordnung der Bodenteile) und Textur (Bodenkörnung) abhängig von Gesteinsart, Klima (auch Kleinklima), Vegetation, Hangneigung, Einfluß des Menschen (mechanische oder stoffliche Beeinflussung durch Bearbeitung, Düngung, Art der Bepflanzung).

Raum für Zusätze

Einzelvorgänge der Verwitterung und Bodenbildung

Tektonische Vorbereitung des Gesteins durch Lockerung (Riß- und Kluftbildung infolge endogener Prozesse). In festem Gestein wirksamer als in plastischem.

Mechanische Verwitterung:

durch Zerlegung des Gesteins infolge starken *Temperaturwechsels* („Temperaturverwitterung" besonders wirksam in kontinentalen, in Trocken- und arktischen Gebieten); wesentlich dabei die bei den einzelnen Kristallindividuen in Richtung und Betrag unterschiedliche Volumbewegung;

durch *Spaltenfrost*, d. i. Sprengwirkung gefrierenden Wassers in Gesteinsspalten und -poren („Frostverwitterung" besonders in arktischen und Gebirgsgegenden); wesentlich Zahl der Frostwechseltage;

durch *Druck auskristallisierender Salzlösungen* in Gesteinsporen und -spalten („Salzverwitterung" besonders in ariden und semiariden Gebieten); hierbei spielt auch Gips in Lösung eine Rolle;

durch *Sprengwirkung von Pflanzenwurzeln* (besonders in Waldgebieten).

Chemische Verwitterung:

durch *Auflösung und Auswaschung direkt wasserlöslicher Mineralien* wie Gips und Chloride;

durch *Umwandlung wasserunlöslicher Mineralien in lösliche Substanzen* und deren Ausspülung. Besonders Umwandlung der Karbonate von Ca, Mg und Fe in Hydrogenkarbonate und von FeS_2 in Brauneisen und gelöste SO_4-Ionen;

Kreislauf der Gesteinsmaterie in räumlicher Darstellung

I Abtragung
II Transport
III Sedimentation
A Glutflußgesteine
B Sedimente und Sedimentgesteine
C Metamorphe Gesteine (= kristalline Schiefer)

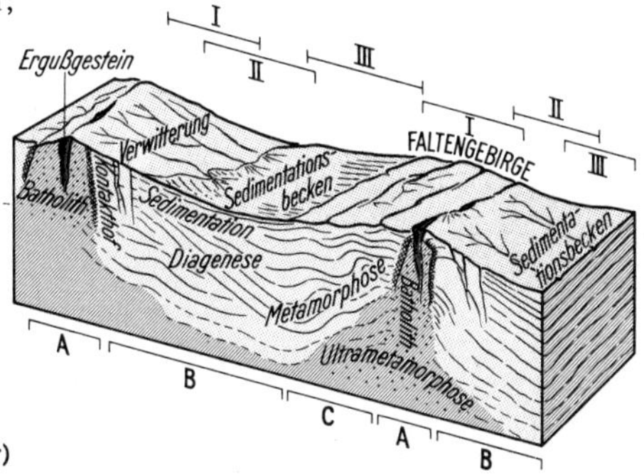

Kreislauf der Gesteinsmaterie

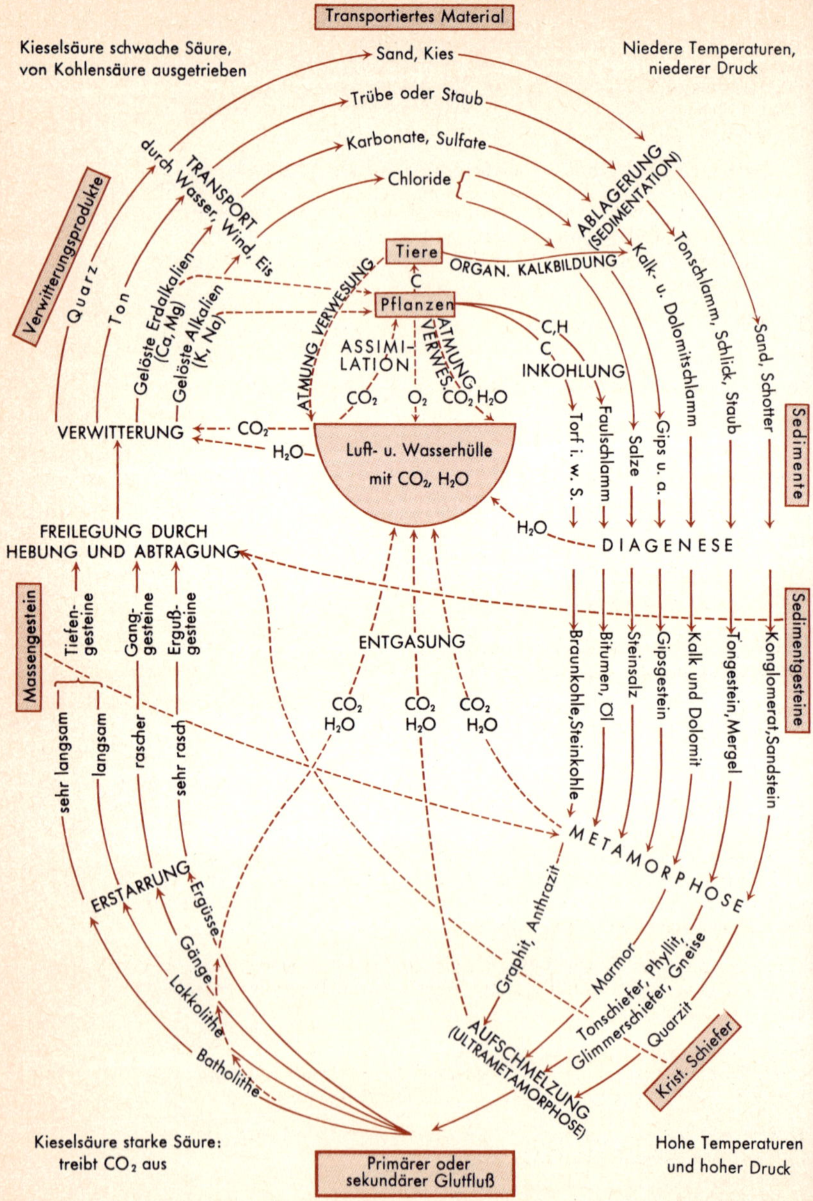

durch *Herauslösung von Mineralien mittels Pflanzensäuren;* „biochemische Verwitterung" besonders in vegetationsreichen Gebieten;

Raum für Zusätze

durch *Umwandlung von Primärmineralien in unlösliche Sekundärmineralien.* Umwandlung durch Kohlensäure des Bodenwassers, durch *Hydrolyse* (s. unten) oder Oxydation, z.B. bei Eisen-2-Mineralien.

Hydrolyse besonders bei Silikaten wichtig, begünstigt durch Wärme. H-Ionen des Wassers verdrängen basische Kationen der Silikate, diese gehen in Lösung und werden fortgeführt. Verbleibendes Silizium und Aluminium gehen neue unlösliche Verbindung ein, bilden zusammen mit H-Kationen Tonmineralien *(hydrolytische Verwitterung).*

Dazu kommt *Durchlüftung* mit wasserdampf- und kohlensäurereicher Bodenluft;

ferner *Durchfeuchtung* mit Hydratationswasser, mit Haftwasser, Kapillarwasser, Sickerwasser, Grundwasser (vgl. S. 50f.).

Organogene Beeinflussung:

durch *Belebung.* Je nach Klimatyp verschieden intensive weitere Bearbeitung des Bodenmaterials. Fast alle Organismengruppen im *Edaphon* (= Bodenleben) vertreten. Besonders wichtig für die weitere mechanische Beeinflussung sind Regenwürmer, für die weitere chemische Beeinflussung die Bakterien;

durch *Anreicherung von dunklen Zersetzungsprodukten* abgestorbener Organismen: Humusbildung. Wichtig ist der Pflanzenanteil;

durch *Stickstoffanreicherung* von Stickstoff assimilierenden Pflanzen, z.B. Bakterien als Symbionten höherer Pflanzen.

Bodenarten (Materialarten der Böden)

Einteilung in Bodenarten beruht auf den Korngrößenverhältnissen (in Anlehnung an bodenartliche Unterscheidungen des Landwirts und Technikers, da technisch und wirtschaftlich wichtige Eigenschaften der Böden im wesentlichen Folge der Korngrößen). Darstellung in Bodenkarten.

Grobkörnige Böden: Kleine innere Oberfläche, große Porung, daher geringe Mineralstoffionenbindung und Wasserspeicherung, aber luftig und beweglich.

Feinkörnige Böden: Große innere Oberfläche, minimale Porung, daher große Mineralstoffionen- und Wasserbindung, schlechte Durchlüftung, starke Kohäsion, geringe oder keine Wasserdurchlässigkeit.

Boden- oder Sedimentmaterial mit überwiegender Korngröße von 0,1 mm Durchmesser als „Schluff" bezeichnet.

Raum für Zusätze

Außer den in der Tabelle unten aufgeführten Bezeichnungen nach Hauptgruppen weitere Unterscheidung von Böden im Sinne von Zwischen-, Misch- und Unterarten. Beispiel: grobsandiger Lehmboden; humoser Grobsandboden; kalkhaltiger Tonboden; anmooriger Lehmboden; skelettreicher, eisenschüssiger Feinsandboden usw. (Gesteinsbruchstücke im Boden = *Skelett*).

Vorwiegend grobkörnige Böden werden als „schüttig", „mager", „hitzig", „trocken", „leicht"; feinkörnige Böden als „bindig", „fett", „kalt", „naß", „schwer" bezeichnet. Optimum für land- und forstwirtschaftliche Nutzung bei bestimmter Kornmischung von feinstem bis mittlerem Korn (z.B. Lößlehmböden).

Bodengare: Landwirtschaftlich wertvoller Zustand feinkörniger Böden, erkennbar an *Krümelung:* Zusammenfassung des an sich feinen mineralischen Korns (Tonbestandteil schwerer Böden!) zu übergeordnetem Großkorn (Krümel). Dadurch Kombination der Vorzüge fein- und grobkörnigen Bodenmaterials. Bodengare begünstigt durch Kalkgehalt des Bodens (Abstumpfen von Humus- u. a. Säuren), Zerfrieren im Winter, mechanische Bearbeitung durch Pflug, Hacke usw., Humusgehalt (Bindemittel für das Feinkorn), Tätigkeit von Organismen, besonders von Regenwürmern.

Landwirtschaftliche Bodenbearbeitung zielt auf Erhaltung solchen Bodenzustandes. Durch Entkalkung, Versauerung und Humusabbau im feuchtgemäßigten Klima schneller Verfall des optimalen Bodenzustandes.

System der Bodenarten

Hauptgruppen	Hauptbestandteile der Körner	Korngrößen (in mm Durchmesser)	Beispiel für landwirtschaftliche Nutzung in Mitteleuropa
Gesteinsschutt (-boden)	Gesteinsbruchstücke	>20	oft Ödland, allenfalls Magerwald
Gesteinsgrus (-boden)	,, (klein)	20–2	extensive Weidewirtschaft
Grobsand (-boden)	vorwiegend Quarz	2–0,2	Nadelwald
Feinsand (-boden)	Quarz, Tonmineralien	0,2–0,02	Kartoffel- und Roggenanbau
Lehm (-boden)		0,02–0,002	Weizenanbau
Ton (-boden) (Letten)	Tonmineralien	$<0{,}002$	Buchenwald, Anbau von Zuckerrüben, Hopfen; Mäh- und Obstwiesen

Bodentypen (Bodenprofiltypen)

Ergebnis von Verwitterung und Bodenbildung. In verschiedenen Klimaten bei ein und demselben Gestein verschiedene Bodentypen. Verschiedenartigkeit drückt sich aus:

1. in den Bodenarten (s. Tabelle S. 48),
2. im Bodenaufbau: *Bodenprofil.*

Für jeden Klimatyp bestimmte Gruppe verwandter Bodentypen charakteristisch. Bodentyp in erster Linie durch Klimatyp, in zweiter Linie durch Gesteinsmaterial *(Rohboden)* geprägt.

Bei Bodentypen der feuchten, mit Vegetation ausgestatteten Gebiete ist charakteristische Profilbildung Folge subtiler vertikaler Stoffwanderung im Laufe der *Ausreifung:* A-, B-, C-Horizont, eventuell nur A- und C-Horizont:

A-B-C-Böden mit A als Verarmungs-(Eluvial = Ausspülungs-)horizont und B als Anreicherungs-(Illuvial = Einspülungs-)horizont über unentmischtem Rohboden C. Sickerwässer mit Kohlensäure und Humussäuren zersetzen und mobilisieren im Oberboden (A) Silikate u.a. Mineralien, verfrachten Eisenverbindungen (Bleichung) u.a. Stoffe aus dem A- in den B-Horizont. Je feuchter und kühler das Klima und je sandiger der Boden, desto ausgeprägter das Bodenprofil. Beispiele: Brauner Waldboden und rostfarbener Waldboden besonders charakteristisch für feuchtgemäßigtes Klima auf lehmiger Grundlage; noch wenig deutliche Horizontierung (Entmischung). – *Podsol-(Bleicherde-) boden* besonders in NO-Europa und auf sandiger Grundlage. – *Ortsteinboden* in extrem feuchtgemäßigtem Klima auf sandiger Grundlage. Verkittung der Sandkörner im B-Horizont durch Eisenhydroxyd. Extreme Horizontierung.

A-B-C-Böden mit A als Anreicherungshorizont und B als Verarmungshorizont über unentmischtem Rohboden C vor allem in den Trockengebieten. Kapillarer Wiederaufstieg von Sickerwässern mit Mineralstoffen aus B-Horizont während längerer Trockenzeiten des Jahres; Verdunstung und Ausscheidung der gelösten Bestandteile im A-Horizont.

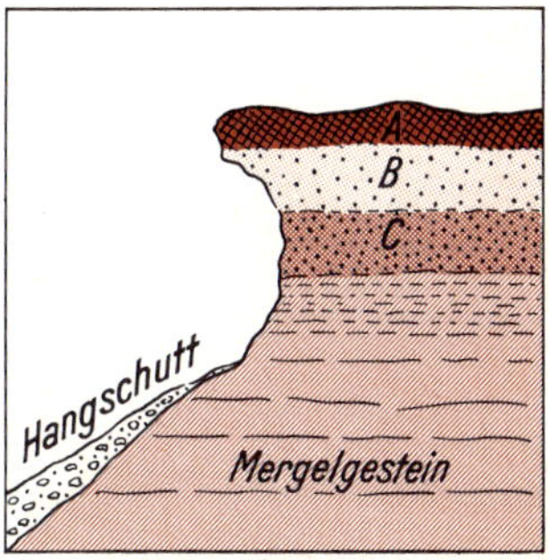

A-B-C-Bodenprofil der Subtropen (Ausschnitt eines Talrandes)

A Kalkkruste
B Verarmungshorizont (ausgelaugt durch aufsteigendes Kapillarwasser)
C Rohboden, darunter frisches Mergelgestein

Raum für Zusätze

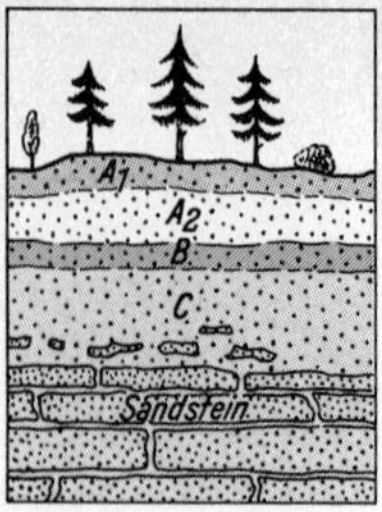

Podsolboden mit A-B-C-Horizonten
A_1 Rohhumus
A_2 Bleichsand
B rostiger Anreicherungshorizont
C unentmischter Rohboden

Rendzina-(Kalkschwarzerde-)boden mit A-C-Horizonten
A Kalkschwarzerde mit Skelett
C Rohboden mit viel Skelett

Beispiele: *Bodenversalzung* bei Bewässerung in Trockengebieten, *Kalkkrustenböden* der periodisch feuchten Subtropen (N-Afrika), besonders über mergeligem Gestein. – *Lateritboden* (von lat. later = Ziegel) der tropischen Savannen. Tiefgründiger Verwitterungsboden; im A-Horizont hydrolytische Auslaugung der Kieselsäure, dadurch Anreicherung von Tonerde und Eisenhydroxyd (rote Färbung).

A-C-Böden mit unentmischtem Oberboden A über Rohboden C: Folge des annähernden Gleichgewichts der vertikalen Stoffwanderung in beiden Richtungen oder eines ständig regenerierten Kalkgehalts des Bodens. Beispiele: *Schwarzerde* (Tschernosjem) besonders der winterkalten, sommertrockenen Steppen und auf Löß. Frost und Trockenheit hemmen Verwesung und Bodenauslaugung. – *Roterde* (Terra rossa) und Gelberde (Terra gialla) der Mittelmeerklimate, besonders auf Kalk; mit Andeutung eines B-Horizontes. – *Rendzina* (Kalkschwarzerde) und brauner Humuskarbonatboden des feuchtgemäßigten Klimas über hochprozentigem Kalkgestein. Karbonatgehalt hemmt Auslaugung und Entmischung. Wirkung des Gesteincharakters überwiegt vor Klimaeinfluß.

Alle genannten Bodentypen bei normalen Geländebedingungen. Lokale Bedingungen, wie Hangneigung, hohes Grundwasser, starker menschlicher Einfluß führen zu besonderen Typenerscheinungen: Hangböden, Grundwasserböden (z.B. Gleyböden, anmoorige Böden), Kunstböden.

Formen des Bodenwassers

Im physikalischen Sinne verschiedenartige Formen der Wasserführung in Bodenmaterial und Gestein:

Kristallwasser mancher Mineralien wie Gips, Ton u. a. ist im weiteren Sinne *chemisch gebundenes Wasser*. Für Konsistenz des Bodenmaterials, Bodenleben und Bewuchs bedeutungslos. Auszutreiben durch starke Erhitzung (Zersetzung der betreffenden Mineralien).

Hydratationswasser. Wasser im Sinne der Hygroskopizität. An der Oberfläche von Bodenteilchen oder Mineralkörnern durch *elektrostatische Kräfte festgehaltenes und verdichtetes Wasser.* Durch scharfes Trocknen auszutreiben. Für Pflanzenwurzeln z. T. verwertbar (Trockengewächse).

Raum für Zusätze

Haft- und Porenwinkelwasser. Wasser, das durch *Oberflächenkräfte* (Adhäsion) festgehalten ist (im Sinne eines feuchten Schwammes). Auszutreiben durch gewöhnliches Trocknen. Voll verwertbar für Pflanzen (insofern wichtigste Form der Wasserführung des Untergrundes). Für Konsistenz des Bodens, besonders der feinkörnigen Böden, wichtig, nicht dagegen für Wasserversorgung.

Kapillarwasser. Durch Kapillarität aus Grundwasser *aufsteigendes Wasser* (je feinere Poren, desto höher): Kapillarwassersaum über Grundwasserspiegel. Für Pflanzenwachstum je nach Lage des Grundwasserspiegels u. U. wichtig.

Sickerwasser = Senkwasser. Unter Wirkung der Schwerkraft in gröberem Porenvolumen von Bodenmaterial oder Gestein *absteigendes Wasser.* Für Wasserversorgung (Quellfassungen) verwertbar. Für Pflanzenwachstum meist ungünstig, auch für das Edaphon.

Grundwasser. Im Untergrund über undurchlässigen Horizonten angesammeltes (gestautes) ehemaliges Sickerwasser, das unter Wirkung der *Schwerkraft* einen Spiegel (*Grundwasserspiegel*) bildet. Für menschliche Wasserversorgung sehr wertvoll (sozusagen „Wasserlagerstätte"): Schachtbrunnen, Bohrbrunnen. Bewegt sich je nach Boden- oder Gesteinsaufbau meist horizontal (Grundwasserströmung, Grundwassereinzugsgebiet). Geschwindigkeit schwankt mit der Größe der Gesteinshohlräume (Klüfte, Poren) zwischen wenigen cm und vielen m pro Tag. Extreme beim Karstgrundwasser in den großen Spalten- und Höhlensystemen von Kalkgebirgen. Eigentlicher Grundwasserbereich für Pflanzenleben und Edaphon nicht günstig (Luftmangel); durch Kapillarsaum u.U. günstig für oberirdischen Bewuchs (siehe *Kapillarwasser*). Vgl. hierzu Abb. S. 29.

Geologie als Erdgeschichte

In Altertum und Mittelalter galt Gesteinshülle als Gegebenheit der Schöpfung. Keine entwicklungsgeschichtliche Fragestellung. Genetische Betrachtung beginnt in Neuzeit mit der Anschauung, daß Gesteine verhärtete Schlamm- und Sandmassen der biblischen Sintflut, Fossilien verschüttete „vorsintflutliche" Lebewesen seien (Anhänger dieser Anschauung: Diluvianer). Später Annahme einer Mehrzahl solcher erdumspannenden Katastrophen, deren Auswirkung die einzelnen „Gesteinsformationen" (wie Trias, Jura usw.) seien. Formationsgrenzen als Wirkung erdgeschichtlicher Ruhezeiten gedeutet. Meinungsverschiedenheit über Natur dieser Katastrophen: *Neptunisten* und *Diluvianer* nahmen sintflutartige Überschwemmungskatastrophen an, *Plutonisten* Umwälzungen vulkanischer Art.

Raum für Zusätze

Um 1830 Sieg moderner Vorstellungen: Gestein und Gesteinsaufbau Ergebnis langsamer, kontinuierlicher Vorgänge der Materialbildung, -umbildung und -verfrachtung, die ständig weiterwirken. Studium heute zu beobachtender Vorgänge liefert Schlüssel zur genetischen Deutung des Baues der Erdrinde (*aktualistisches Prinzip* der Geologie): Gesteinseinschlüsse (besonders der Sedimentgesteine) gewissermaßen die „Schriftzeichen", Gesteine selbst die „Texte", Gesteinsschichten die „Blätter" im „Buch der Geschichte der Erde und des Lebens". Jedes Gesteinsniveau gleich einem Moment, Gesteinsfolgen gleich längeren oder kürzeren Abschnitten der Erdgeschichte. Dadurch werden *stratigraphische* (= Schichtbeschreibungs-) Begriffe (Trias, Jura u. a.) zu Zeitbegriffen, ursprünglich rein stratigraphische Geologie wird zur Erdgeschichte. In vielen Fällen ermöglicht erdgeschichtliche Analyse des Gesteins genaue Aussagen über Landschaftsverhältnisse der betreffenden Zeit. Bei solcher Rekonstruktion erdgeschichtlicher Zustände Fossilien besonders wichtig.

Aktualitätsprinzip hat keine uneingeschränkte Gültigkeit: Im Laufe der Erdgeschichte zeitweilig Zustände der Erdoberfläche, die in der Gegenwart nicht auftreten, z. B. extreme klimatische Erscheinungen, wesentlich andere Verteilung von Land und Meer, geringere Reliefenergie der Landoberfläche, andere Strahlungsverhältnisse, andere Größenordnung der orogenetischen Unruhe mit entsprechenden Begleiterscheinungen von Vulkanismus und Erdbeben. Vor allem im Laufe der Erdgeschichte durch Entwicklung der Lebewelt ständig neue Bedingungen (allmähliche Besitzergreifung der Erdoberfläche durch Lebewesen).

Nach überlieferter Entwicklungsgeschichte des irdischen Lebens Haupt- und Untergliederung der Erdgeschichte (relative geologische Zeitrechnung) in *Epochen* (= Zeitalter), *Formationen*, *Formationsabteilungen oder -glieder* und *Stufen*.

Rekonstruktion von Zustand und Entwicklung der sehr langen erdgeschichtlichen Vorzeit (Archaikum) nur nach geochemischen Gesichtspunkten und nach Gesteinslagerung, da keine deutlichen Reste von Organismen. Unterscheidung zweier archaischer Zeitabschnitte: älterer, „anhydrischer" Zeitabschnitt ohne flüssiges Wasser auf der Erde; alles Wasser als Dampf in der Atmosphäre enthalten, dadurch mehrere 100 Atm. Luftdruck über der Erdoberfläche. Jüngerer, „hydrischer" oder „ozeanischer" Zeitabschnitt mit stehenden und fließenden Gewässern; vermutlich zunächst sehr rascher Wasserkreislauf und beginnende Salzansammlung in Urmeeren.

Gliederung der Erdgeschichte in die großen Einheiten (Epochen, Formationen) von globaler Bedeutung und Gültigkeit. Je feiner untergliedert wird, desto mehr entspricht die Untergliederung den regionalen stratigraphischen Besonderheiten; daraus ergeben sich jedoch Unterschiede in zeitlichen Grenzziehungen und den Bezeichnungen. Daher *Problem der exakten Parallelisierung* der erdgeschichtlichen Gliederung voneinander entfernter Gebiete nicht immer sicher zu lösen (vgl. Tab. Versuch einer Parallelisierung des Quartärs, S. 147, Geologische Zeitrechnung, S. 63, und Tab. S. 54/55).

Raum für Zusätze

Bezeichnungen für erdgeschichtliche Zeitabschnitte entstammen verschiedenen Stadien der Entwicklung der Geologie. Vielfach auch geographische Namen der klassischen Vorkommen in die Systematik übernommen. Epochenbezeichnungen mit -zoikum (griech. = tierisches Lebewesen): Großgliederung der Erdgeschichte auf Entwicklung der Tierwelt beruhend:

Archäozoikum = Urzeit tierischen Lebens
Eozoikum = Frühzeit tierischen Lebens
Paläozoikum = Altertum tierischen Lebens
Mesozoikum = Mittelalter tierischen Lebens
Neo-(oder Käno-)zoikum = Neuzeit tierischen Lebens
(*Algonkium* nach dem nordamerikanischen Indianervolk der Algonkin im Gebiet der Großen Seen.)

Tertiär und *Quartär* sind Formationsbezeichnungen einer alten Gliederung der Gesteinsrinde in Primär (= Archaikum, Eozoikum, Paläozoikum), Sekundär (= Mesozoikum), Tertiär und Quartär (= Neozoikum).

Diluvium (lat. = Sintflut) sprachliches Überbleibsel aus der Zeit des Diluvianismus: Vorstellung, daß Gesteine verhärtete Sand- und Schlammmassen der Sintflut seien. Moderne Bezeichnung *Pleistozän* (griech. = das Neueste) oder *Eiszeitalter*.

Alluvium (lat. = Anschwemmung, nämlich aus den heutigen Flüssen). Moderne Bezeichnung *Holozän* (griech. = ganz neu).

Kreideformation benannt nach den besonders in Mitteleuropa charakteristischen kreidigen Kalken.

Jura ursprünglich topographische Bezeichnung für süddeutsches Mittelgebirge, später die dafür charakteristische Gesteinsfolge. (Wort keltischen Ursprungs, etymologisch verwandt mit slawisch gora = Berg.)

Trias (Dreiheit) wegen der durch Wechsel Land/Meer/Land charakterisierten mitteleuropäischen Ausbildung.

Dyas (Zweiheit) wegen der durch Wechsel Land/Meer gegebenen Zweiteilung der Gesteinsschichten in Mitteleuropa. Heute dafür übliche Bezeichnung *Perm* nach der Stadt Perm in der Sowjetunion.

Rotliegendes: rotes Liegendes der mitteldeutschen Kupferschiefer. *Zechstein:* Gestein der Schachtwände der Kupferschieferbergwerke, von bergmännisch Zeche = Bergwerk.

Karbon von lat. carbo = Kohle.

Devon nach der englischen Grafschaft Devonshire.

Silur von der keltischen Völkerschaft der Silurer (Wales, England) abgeleitet.

Silur wegen Länge dieser Zeit in 2 Formationen aufgelöst: *Ordovicium* (nach dem Keltenstamm der Ordovicer) = bisher Untersilur, *Gotlandium* (vom schwedischen Gotland) = bisher Obersilur.

Kambrium nach der alten Bezeichnung für Wales (Cambria).

Zeitalter	Formation	Abteilung	Alter in Jahren vor der Gegenwart	Pflanzenwelt
Neozoikum (Känozoikum)	Quartär	Holozän (Alluvium)	10000	Im wesentlichen gleiche Zusammensetzung wie heute
		Pleistozän oder Eiszeitalter (Diluvium)	1 Mill.	
	Tertiär	Neogen (Jungtertiär)		Höhere Blütenpflanzen vorherrschend
		Paläogen (Alttertiär)	60 Mill.	
Mesozoikum	Kreide	Oberkreide		Auftreten und Entfaltung der höheren (bedecktsamigen) Blütenpflanzen (Angiospermen)
		Unterkreide	140 Mill.	
	Jura	Malm (Weißjura) (Oberjura)		Neben vielen Farngewächsen reichste Entfaltung der Nacktsamer (Gymnospermen)
		Dogger (Braunjura) (Mitteljura)		
		Lias (Schwarzjura) (Unterjura)	175 Mill.	
	Trias	Keuper		Nacktsamer vorherrschend, Höhepunkt der Kalkalgen
		Muschelkalk		
		Buntsandstein	200 Mill.	
Paläozoikum	Perm (Dyas)	Zechstein		Nachzügler der Karbonflora Aufschwung der Nacktsamer
		Rotliegendes	240 Mill.	
	Karbon	Oberkarbon (produktives Karbon)		Reiche Entfaltung der Kryptogamen, z.T. baumförmig (Farne, Schachtelhalme, Bärlappgewächse). Beginn der Nacktsamer
		Unterkarbon	310 Mill.	
	Devon	Oberdevon		Aussterben der Psilophyten Erste Gefäß-Kryptogamen
		Mitteldevon		
		Unterdevon	350 Mill.	
	Silur i. w. S.	Gotlandium (Obersilur = Silur i. e. S.)		Psilophyten erobern das Land
		Ordovicium (Untersilur)	450 Mill.	
	Kambrium	Oberkambrium		Algen
		Mittelkambrium		
		Unterkambrium	540 Mill.	
Eozoikum = Algonkium = Präkambrium		Jungalgonkium		Primitive Algen
		Altalgonkium	1000 Mill.	
Archaikum = Archäozoikum			3600 Mill.	Graphit in metamorphen Paragesteinen als Beweis für pflanzliches Leben im Wasser

Wirbellose Tiere	Wirbeltiere	Gebirgsbildung Vulkanismus	Klima in Mitteleuropa, Verteilung von Land und Meer
Im wesentlichen wie in der Gegenwart	Aussterben vieler Großsäuger. Heutige Gattungen u. Arten	Schwacher Vulkanismus	Heutige Verhältnisse mit großer Festlandsausdehnung
Vorwiegend wie in der Gegenwart	Reiche Entfaltung der heutigen Säugerfamilien	Ausklingen der alpiden Gebirgsbildung und des Vulkanismus	Ausgedehnte Vereisungen (besonders der Nordhalbkugel)
Wie in der Gegenwart, jedoch zum Teil noch andere Arten als heute	Erste reiche Entfaltung der höheren Säuger Entwicklung der heutigen Familien	Vulkanismus. Hauptphasen der alpiden Gebirgsbildung	Allgemeiner Meeresrückzug. Klimaverschlechterung. Ausgeglichenes, sehr mildes Klima, feucht
Aussterben der Ammoniten und Belemniten zu Ende der Kreide	Aussterben der meisten Reptilienstämme (Saurier) Erstes Auftreten der höheren Säuger	Frühphasen der alpiden Gebirgsbildung	Anfangs ausgedehnte Meeresüberflutung, dann starker Meeresrückzug. Ausgeglichenes Klima
Blüte der Neuammoniten und der Belemniten	Auftreten der Vögel, Entfaltung der Riesensaurier, Meeres- und Flugsaurier und der Beuteltiere	Vorphasen der alpiden Gebirgsbildung	Rückgang der Meere Warmes Klima
			Meeresüberflutungen warm, feuchter
	Erste Knochenfische	Keine Gebirgsbildung kaum Vulkanismus	
Entfaltung der Mittelammoniten und Seelilien	Erste Säuger Aussterben der Dachschädler (Riesenlurche)	Geringer Vulkanismus	Vorwiegend trocken und warm Kurze Regenzeiten (Salzbildung)
	Weiterer Aufstieg der Saurier		Trocken und warm
			Trocken und heiß (Wüsten,Salzbildung)
Letzte Trilobiten	Entfaltung der Saurier, Dachschädler und Knorpelfische	Ausklingen der variszischen Gebirgsbildung	Sehr trocken, heiß Salzbildung
		Vulkanismus	Wüstenhaft heiß
Erste Insekten, Spinnen, Tausendfüßler	Erste Saurier (Reptilien) Erste Entfaltung der Dachschädler Knorpelfische	Hauptphasen der variszischen Gebirgsbildung	Warmes, feuchtes Klima (tropisch)
Rückgang der Trilobiten, reiche Entfaltung der Altammoniten, Seelilien	Erste Landwirbeltiere Aussterben der Panzerfische. Erstes Auftreten von Haien	Vorphasen der variszischen Gebirgsbildung	Vorwiegend warmes Klima
			Mäßig mildes Klima
Reiche Entfaltung der Trilobiten und Graptolithen	Entfaltung der Panzerfische	Kaledonische Gebirgsbildung	Ausgeglichen und mild
	Erste vereinzelte Panzerfische		
Explosive Entfaltung und beherrschende Stellung der Trilobiten	Noch keine Wirbeltiere	Sardische Gebirgsbildung Vulkanismus	Mild
			Gemäßigtes Klima
			Kühles Klima
Primitive Tiertypen		Mehrfach Gebirgsbildung mit Vulkanismus	Unterschiedliches Klima
Erste unsichere tierische Lebensspuren		Laurentische Gebirgsbildung	

Raum für Zusätze

Gang des Lebens über die Erde

Graphit- und Kalkbeimengungen in archaischen Gesteinen sprechen für Leben im Wasser schon vor Jahrmilliarden, obgleich Fossilien darin nicht bekannt, da Gesteine stark metamorph. Älteste klare Reste von Organismen in Gestein des Eozoikums belegen, wenn auch nur durch spärliche Funde, den hohen Entwicklungsstand des Lebens im Meer (die meisten Tierstämme bereits nachgewiesen). Jedoch erst mit Beginn des Paläozoikums klares Bild vorzeitlichen Lebens.

Lebensentwicklung seit dem Kambrium

Kambrium: Bereits etwa 3000 Organismenarten bekannt; ausschließlich Meeresorganismen. Reichtum an Algen und Dreilappkrebsen (Trilobiten, bis $^1/_2$ m lang). Weitere Meeresorganismen: Armkiemer (Brachiopoden).

Silur (Ordovicium und Gotlandium): Besiedlung des Landes durch amphibische Nacktpflanzen (Psilophyten) und Gliedertiere (Verwandte der Skorpione). Meerestiere: riesige Kopffüßler und erste Panzerfische (Wirbeltiere). Üppige Entfaltung der Graptolithen.

Devon: Erste Farne, Schachtelhalme und Bärlappgewächse (z. T. schon baumartig); zahlreiche Fischformen. Beginnende Eroberung des Landes durch Wirbeltiere (Übergang von Fisch in Lurch). Erster Ammonitenhöhepunkt (Altammoniten).

Karbon: Verbreitet Wälder von Farnen, Schachtelhalmen und Bärlappgewächsen. Bildung der Steinkohlenlager in limnischen und Küsten-Waldsümpfen bei tropischem Klima. Erste Nacktsamer (Gymnospermen) entfernen sich aus feuchten Bereichen durch Entwicklung eines vom Wasser unabhängigen Fortpflanzungsmechanismus. Entfaltung der Insekten (Riesenformen bis 70 cm Flügelspannweite). Erste Reptilien (Saurier) folgen den Nacktsamern in die Weite des Landes; durch Entwicklung der Jungen im Ei: Unabhängigkeit von Wassernähe.

Perm: Herrschaft der Saurier; flächige Besiedlung des Festlandes, abgesehen von Räumen extremer Kälte und Trockenheit. Erste Koniferen (Nadelhölzer). Trilobiten sterben aus.

Trias: Fortsetzung der Lebensentwicklung des Perm. Im Meer neben Brachiopoden jetzt zunehmend Muscheln. Neuer Höhepunkt der Ammoniten (Mittelammoniten). Ende der Trias: Erste Säugetiere in unscheinbaren Gestalten.

Jura: Neuer Höhepunkt der Ammoniten (Neuammoniten). Beginn und explosive Entfaltung der Belemniten. Entwicklung abseitiger Sauriertypen (Flug-, Meeres-, Riesensaurier). Ende des Jura: Erste gefiederte Abkömmlinge der Reptilien (Urvögel).

Kreide: Letzte und breiteste Entfaltung der Saurier. Weiterhin Höhepunkt, aber auch Degenerationserscheinungen bei Ammoniten und Belemniten. Entstehung der bedecktsamigen Pflanzen (Angiospermen).

Raum für Zusätze

Tertiär: Entfaltung der bisher bedeutungslosen Säuger (Ende der Saurierherrschaft mit Abschluß der Kreide). Spätblüte der Reptilien: Schlangen. Im Meer Vorherrschaft der Muscheln und Schnecken. Breiteste Entfaltung bedecktsamiger Blütenpflanzen, Aufschwung der Insekten. Gräser als bestandbildende Blütenpflanzen ermöglichen Auftreten der Huftiere. Entfaltung der Knochenfische.

Quartär: Ablösung des Ur-Menschen vom Säugerstamm und eigenständige Weiterentwicklung. Dezimierung der höheren Lebewelt durch Eiszeiten, später durch Ausbreitung des Menschen. Herausbildung der rezenten Tier- und Pflanzenarten sowie der heutigen Verbreitungsverhältnisse.

Gesamtbild der Geschichte des Lebens bildet durch Allmählichkeit, Kontinuierlichkeit und Tendenz vom Einfachen zum Differenzierten wesentliche Stütze des biologischen Abstammungsgedankens.

Der letzte Abschnitt der Erdgeschichte: Quartär

Quartär für heutiges Bild der Erdoberfläche von besonderer Bedeutung: Anbahnung der heutigen Verhältnisse, Eigentümlichkeit des Ablaufs (mehrere Temperaturdepressionen, dadurch *Eiszeiten*, Vordringen polarer Gletscher weit äquatorwärts, Vergrößerung der Gebirgsgletscher, Entstehung auch von Mittelgebirgsgletschern, äquatorwärtige Verlagerung der Klimagürtel u.a., *Pluvialzeiten* der heutigen Trockengebiete).

Das Eiszeitalter (Pleistozän)

In Alpen und Nordamerika 4, in Norddeutschland 3 Eiszeiten *(Glazialzeiten)* sicher nachgewiesen, durch Warmzeiten (*Interglazialzeiten;* Klima und Landschaftsverhältnisse etwa wie in Gegenwart) getrennt. Glazialzeiten durch Vorstoß- und Rückzugsphasen (Stadiale bzw. Interstadiale) gegliedert. In den verschiedenen Vereisungsgebieten unterschiedliche Bezeichnungen der Glazialzeiten und -phasen. Parallelisierung teilweise umstritten, besonders zwischen nordeuropäischer und alpiner Vereisung.

Vereisungsstadien (Kaltzeiten) im Alpengebiet: *Günz-*, *Mindel-*, *Riß-*, *Würm-Vereisung*. Benennung nach Flüssen des Alpenvorlandes. Kaltzeiten Nord- und Mitteleuropas: *Elster-*, *Saale-*, *Weichsel-Vereisung*.

Eiszeiten früherer erdgeschichtlicher Epochen (Eozoikum, Devon, Karbon/Perm) belegt durch *Blocklehme* = Tillite (diagenetisch verfestigter Geschiebemergel).

Eiszeitliche Wirkungen und Formen

Im Abtragungsgebiet:

Rundhöckerlandschaften (z.B. Skandinavien, Labrador, Alpenpässe), durch Gletscher abgeschliffenes Felsgelände, vielfach mit Schrammen in Fließrichtung des Eises.

Raum für Zusätze

Trogtäler mit U-förmigem Querschnitt in Gebirgen (z.B. alle großen Alpentäler, Fjorde Norwegens) durch ehemalige Talgletscher ausgefräst, meist mit Grundmoränenfüllung. Staffeln von Endmoränen Folgen des Eisrückganges.

Kare der Hoch- und Mittelgebirge, durch Hanggletscher geformt; Karbildung schuf typische, schroffe Grate. *Kartreppen:* Hinter-(über-)einander angeordnete Kare, verschiedenen Gletscherstadien entsprechend.

Gliederung des Quartärs

Abteilung mit Zeitangabe		Vereisungsstadien Alpen	Vereisungsstadien Norddeutschland Nordeuropa	Flußterrassen (besonders im Alpenvorland)
Holozän		Postglazial (s. Tabelle S. 62)		Einschneiden der Niederterrasse. Bildung des heutigen Talbodens (Auelehmablagerung)
Eiszeitalter (Pleistozän)	20000	Würm-Vereisung	Weichsel-Vereisung	Ablagerung der Niederterrassenschotter
	110000	Riß-Würm-Interglazial	Eem-Interglazial (= Saale-Weichsel-Interglazial)	Einschneiden der Hochterrasse
	180000	Riß-Vereisung	Saale-Vereisung	Ablagerung der Hochterrassenschotter
	230000	Mindel-Riß-Interglazial	Holstein-Interglazial (=Elster-Saale-Interglazial)	Einschneiden der jüngeren Deckenschotterterrasse
		(großes Interglazial)		
	435000	Mindel-Vereisung	Elster-Vereisung	Ablagerung der jüngeren Deckenschotter
	490000	Günz-Mindel-Interglazial	Cromer-Interglazial	Einschneiden der älteren Deckenschotterterrasse
	530000	Günz-Vereisung	(Elbe-Vereisung?)	Ablagerung der älteren Deckenschotter
	600000 1 Mill. Jahre	Präglazial vermutlich erste Eisvorstöße (Donau-Eiszeit)		

Im glazialen Aufschüttungsgebiet:

Raum für Zusätze

Grundmoränen (Geschiebemergel, -sand, -ton) in ehemals eisbedeckten Gebieten; vom Gletscher mitgeführter Schutt, unter dem Eis abgelagert; flachwellige Landschaft. Besondere Erscheinungen: *Oser* (dammartige Wallberge: Kiesfüllungen von Schmelzwasserabzugsrinnen unter dem Eis), *Drumlins* (stromlinienförmige, in Gruppen auftretende, vom strömenden Eis in Bewegungsrichtung geformte Buckel aus Grundmoränenmaterial), *Toteis-Seen, Sölle* (Geländeeintiefungen durch verschüttete, später geschmolzene Eisfetzen).

Endmoränen (Geschiebemergel, Blockpackungen) markieren als bogenförmige Hügelgirlanden Eisrandlagen. Endmoränen am Gletscherrand gebildet durch Eisschmelzwasser (Satzendmoränen) oder durch Gletschervorstoß (Stauchendmoränen). Im Übergangsgebiet von End- und Grundmoräne *Zungenbecken*, durch Gletscher ausgeschürft, mit Seen und Bändertonablagerungen. Ausgeglichene Altmoränenlandschaft ist Ergebnis älterer Vereisungen, Jungmoränenlandschaft noch reliefstärker, Hinterlassenschaft der letzten Eiszeit.

Im näheren Eisvorland:

Sander (Übergangskegel, aus fluvioglazialen Schottern und Sanden) von Schmelzwasserströmen abgesetzt (z.B. Münchener Ebene). Fortsetzung in Abzugsrinnen der Eisschmelzwässer, den *Urstromtälern;* in Norddeutschland etwa parallel dem Eisrand (z.B. Warschau-Berliner Urstromtal), im Alpenvorland senkrecht vom Eisrand weg (z.B. Illertal).

Aus fluvioglazialem Material, z.T. mit Deltaschichtung, bestehen auch die Kames-Hügel oder Eisrandterrassen (ursprünglich an das Eis angeschüttet, nach dessen Abschmelzen zusammengesackt).

Blockbild einer von Eiszeit geprägten Landschaft mit charakteristischen Ablagerungen von Gletschern und Schmelzwassern (glaziale Serie)

Die Entfernung vom linken zum rechten Rand des Blockbildes entspricht einigen Kilometern

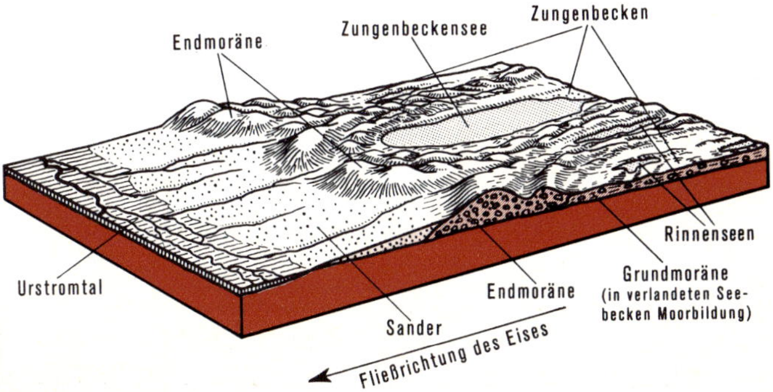

Raum für Zusätze

Im Periglazialgebiet (weiter entferntes Eisvorland):

Solifluktionserscheinungen (Bodenfließen) der Gehänge, besonders in Südlagen: Streifenböden, Polygonalböden, Brodelböden mit ornamentartiger Anordnung des Lockermaterials (bilden sich heute noch in Spitzbergen).

Lößbedeckung im weiteren Eisvorland durch Staubauswehung von Material der Moränen- und Schmelzwassersandflächen, ungeschichtet: Flächenlöß, Hanglöß; Seelöß (in Wasser eingeweht, geschichtet). Lößgürtel von Frankreich bis Mittelasien sowie in Nordamerika.

Geschiebeforschung: Ermittlung (Abgrenzung) von Eiseinzugsgebieten und Eisbewegungslinien der einzelnen Eiszeiten auf Grund von *Leitgeschieben:* eindeutig identifizierbare und auf bestimmte, möglichst eng begrenzte Herkunftsareale beziehbare Gesteine der Moränen oder fluvioglazialer Bildungen. Bekannte Leitgeschiebe des norddeutschen Glazialgebietes: Rapakiwigranit aus Finnland, Rhombenporphyr aus der Umgebung von Oslo, Basalt aus Schonen. Bekannte Leitgeschiebe des Alpenvorlandes: Juliergranit, Augengneis von der Flüela, Gabbro vom Oberhalbstein.

Temperaturstrahlungskurve (nach Milankowitsch) seit der Würm-Vereisung (130000 Jahre), dargestellt an der Veränderung der Schneegrenze gegenüber der Gegenwart

0-Linie = heutige Schneegrenze; Pluswerte = höhere Schneegrenze infolge höherer Einstrahlung gegenüber der Gegenwart; Minuswerte = tiefere Schneegrenze

3 Minima (von links nach rechts) = 3 Würmstadiale (Würm I, II, III)

4 Maxima = Riß-Würm-Interglazial; Würm I-Würm II-Interstadial; Würm II-Würm III-Interstadial; postglaziales Klimaoptimum

Gute Übereinstimmung mit Geländefunden

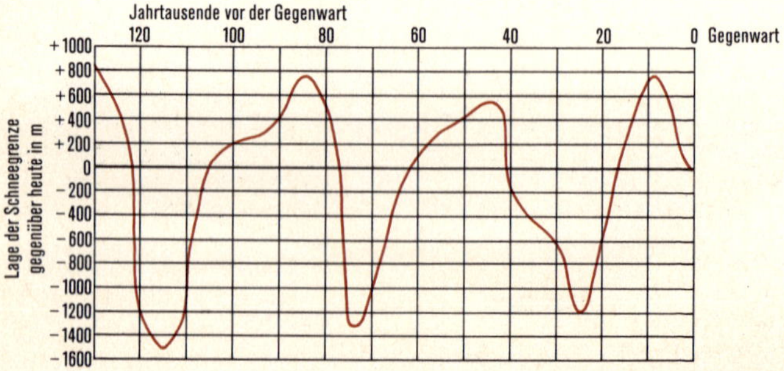

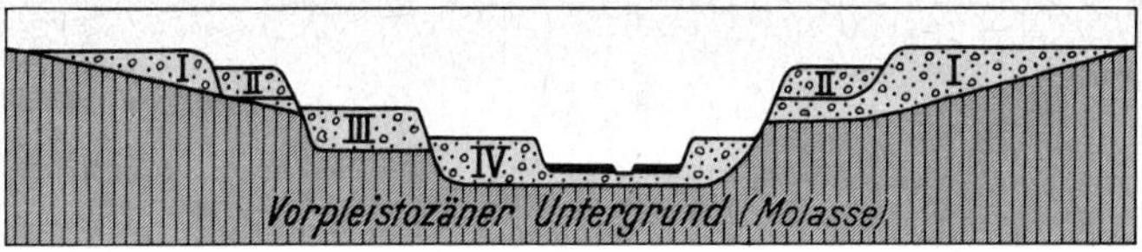

Idealprofil durch eine eiszeitliche Schmelzwasserabzugsrinne im Alpenvorland

I Ältere Deckenschotter (Fluvioglazial der Günz-Vereisung)
II Jüngere Deckenschotter (Fluvioglazial der Mindel-Vereisung)
III Hochterrassenschotter (Fluvioglazial der Riß-Vereisung)
IV Niederterrassenschotter (Fluvioglazial der Würm-Vereisung)
Die heutige Flußniederung ist von postglazialen Alluvionen erfüllt

Mit Hilfe der *Geschiebeanalyse* ist auch die Veränderung der Eiseinzugsgebiete und Fließrichtungen während der verschiedenen Eiszeiten zu ermitteln.

Interglaziale Wirkungen

Bodenprofile mit Erscheinungen der Entkalkung und Verrostung (Oxydation der Eisenmineralien); über Löß Bildung von Lößlehm, über Geschiebemergel von Geschiebelehm.

Terrassierung der Flußtäler durch Einschneiden der Gewässer in die während der Kaltzeiten aufgeschütteten Schotterflächen.

Kieselgur- und Seekreideablagerung in Seen, *Verlandung* der Seen und *Torfbildung*.

Infolge Abschmelzens der Gletscher weltweiter eustatischer *Meeresanstieg*.

Ursache der Eiszeiten: Frage nicht eindeutig geklärt. Mehrfache globale Temperaturdepressionen (bis zu 8° C) in Zusammenhang gebracht mit langperiodischer Veränderung gewisser Erdbahnelemente (Schiefe der Ekliptik, Exzentrizität der Erdbahn, Präzession des Frühlingspunktes). Zu gewissen berechenbaren Zeiten Summierung der Auswirkung der verschiedenen Faktoren auf Einstrahlung im negativen oder positiven Sinn (mit verschiedenen Beträgen für unterschiedliche Breiten). *Strahlungskurve* für das ganze Quartär von MILANKOWITSCH berechnet. Verbindung mit dem im Gelände erkennbaren Glazial-Interglazial-Rhythmus schwierig, jedoch lösbar. Andere Hypothesen beziehen kosmische Ereignisse (z. B. Durchgang des Planetensystems durch kosmische Staubwolken) in die Überlegungen ein.

Das Holozän (Alluvium)

Übergang vom Eiszeitalter zur Gegenwart. Gliederung des Holozän (Alluvium = Anschwemmung) nach verschiedenen Prinzipien, z. B. nach *Vegetationsentwicklung* (ermittelt durch *Pollenanalyse* von Moorprofilen); dabei läßt Entwicklung der Pflanzenwelt, besonders des Waldes, Schlüsse auf die Klimaentwicklung zu. In Norddeutschland und Skandinavien Gliederung nach Entwicklung der *Küstenumrisse der Ostsee;* einzelne Stadien: *Baltischer Eisstausee; Yoldia-Meer* (salzhaltig; benannt nach der Muschel Yoldia arctica); *Ancylus-See* (nach der Süßwasserschnecke Ancylus fluviatilis); *Litorina-Meer* (nach der Meeresstrandschnecke Litorina litorea), *Limnaea-Meer* (nach der Süßwasserschnecke Limnaea ovata); *Mya-Meer* (nach der Sandklaffmuschel Mya arenaria) letzte Phase bis zur Gegenwart.

Gliederung des Holozäns für Mitteleuropa

(nach Ergebnissen der Pollenanalyse)

Zeit	Klima		Ostsee-Stadien	Menschliche Kulturentwicklung in Mitteleuropa	
Gegenwart 800—500 v. Chr.	Subatlantikum	feuchtkühl (atlantisch) mit Klima der Gegenwart vergleichbar	Mya-Zeit Limnaea-Zeit	Geschichtliche Zeit Metall-	Eisenzeit
	Subboreal	kontinental		zeiten	Bronzezeit
	Atlantikum	feuchtwarm (atlantisch) klimatisches Optimum des Holozän (Sommer ≈2,5 °C wärmer als gegenwärtig)	Litorina-Zeit	Jungsteinzeit (Neolithikum) (Mittelsteinzeit Mesolithikum)	
	Boreal	trocken, kontinental wärmer als vorher	Ancylus-Zeit		
≈ 10000 Jahre v. Chr.	Präboreal	kühl, kontinental	Yoldia-Zeit		
	Dryas-Zeit	Jüngere Dryas-Zeit Alleröd Ältere Dryas-Zeit (subarktisch)	Baltischer Eisstausee		
≈ 20000 Jahre v. Chr.		Tundrazeit arktisch		(Altsteinzeit Paläolithikum)	

Geologische Zeitrechnung

Relative Zeitrechnung durch Einteilung der Erdgeschichte in Epochen, Formationen usw. (vgl. S. 54/55) ergänzt durch absolute Zeitrechnung; Ziel, grobe Werte über erdgeschichtliche Zeitlängen in Jahren zu geben.

Alte Methoden: Vergleich von Sedimentgesteinsmächtigkeiten mit Aufschüttungsgeschwindigkeiten der Gegenwart; auf jedes aquatische Sedimentgestein anwendbar. – Abzählung der Bänderpaare (Warwen) in Bändertonen (Absätze von Eisstauseen); Wechsel von dickeren (hellen) Sommerlagen und dünneren (dunklen) Winterlagen ermöglicht Gewinnung genauer Jahreszahlen für Abschnitte der Nacheiszeit. – Abschätzung des Zeitäquivalents für Verwitterungstiefen, besonders in glazialen Ablagerungen, zur Schätzung der Dauer der Interglazialzeiten. – Abschätzung des Zeitbedarfs für Phänomene der Gesteinsabtragung unter Bezugnahme auf entsprechende Vorgänge der Gegenwart. – Größenordnungsmäßige Berechnung des Alters der Ozeane durch Vergleich des gesamten derzeitigen Salzgehaltes mit gegenwärtiger jährlicher Salzzufuhr durch Flüsse.

Neue Methoden: Aus Mengenverhältnis von unzerfallener radioaktiver Substanz (besonders in Tiefengesteinen) zum Zerfallsprodukt (z.B. Helium in Gestein, das Uranmineralien enthält) ist Zeitdauer des Zerfalls seit Bildung des Gesteins zu errechnen, da Zerfallsgeschwindigkeit („Halbwertzeit") im Laboratorium bestimmbar.

Radiokarbonmethode. Variante dieses Prinzips, anwendbar für Datierung der jüngsten erdgeschichtlichen Zeitabschnitte: Kohlenstoff der Atmosphäre führt neben „normalen" Atomen (Atomgewicht $12 = C^{12}$) untergeordnet, aber in bestimmtem Verhältnis, auch solche mit Atomgewicht $14 = C^{14}$. Diese gelangen in Pflanzengewebe und unterliegen meßbarem radioaktivem Zerfall. Aus noch vorhandener Radioaktivität kohlenstoffhaltigen Materials (Torf, Holzkohle u.a.) ist dessen Alter seit Entnahme des Kohlenstoffs aus Atmosphäre annähernd zu bestimmen, da Geschwindigkeit des Zerfalls von Kohlenstoff 14 bekannt (Halbwertzeit 5600 Jahre = Zeitraum, innerhalb dessen die Hälfte des aus der Atmosphäre entnommenen C zerfallen ist).

Paläogeographie

Gesteinsbeschaffenheit und Fossilien Grundlage für Rekonstruktion des landschaftlichen Zustandes an einem Ort für einen bestimmten erdgeschichtlichen Zeitpunkt. Flächenhafte Ausdehnung solcher Analysen ergibt regionale Vorstellungen über Relief, Klima, Vegetation, Küstenverlauf, Gewässernetz usw. Versuch der Darstellung in paläogeographischen Karten; sie enthalten mindestens Küstenverlauf für die betreffende erdgeschichtliche Zeit.

Raum für Zusätze

Vorzeitliche *Meere* durch Sedimente mit ozeanischen Organismenresten, durch Borgehalt der Ablagerungen und durch bestimmte Eisensilikatmineralien nachweisbar. Gesteinsausbildung verweist auf Gestaltung früherer Meere:

Gröbere Sedimente, festländische Tier- und Pflanzenreste zeigen Küstennähe, eingelagerte Gerölle zeigen Strömungsrichtungen, Rippelmarken und Riffkalke belegen geringste Wassertiefen. Meerestemperaturen an Kalkgehalt der Sedimente abzuschätzen (Kalkgehalt nimmt mit steigender Temperatur zu).

Unmittelbarer und sicherer Nachweis von *Festland* durch kontinentale Ablagerungen möglich (Gesteine mit fossilen Landtieren und Landpflanzen, vorzeitliche Dünen und Bodenhorizonte, Moränen, limnische Ablagerungen wie Torf, Kohle, Kieselgur, Ton u. a.). Zusammensetzung, Korngrößenverhältnisse und Lagerung kontinentaler Sedimente lassen auf ehemalige Oberflächenformen schließen (Wasserläufe, Deltabildung, Gefällsverhältnisse). Von jüngeren Ablagerungen verdeckte ältere Oberflächenformen zuweilen in Aufschlüssen erkennbar (Diskordanzen).

Fossilinhalt, vorzeitliche Bodenhorizonte, Eindampfungssedimente, Wüstenerscheinungen, Moränen u. a. deuten Klimaverhältnisse einer Zeit an. Feinschichtung in Sedimenten läßt mitunter Klimarhythmus, gelegentlich jahreszeitliche Periodizität erkennen.

Erdkarte gegen Ende des Karbons (nach A. Wegener)
Entlang dem karbonzeitlichen Äquator liegen die großen Steinkohlenlager
E = Vereisungsspuren
Rot = Trockengebiete der Karbonzeit
Die Ringe und Pfeile geben Lage und Bewegung der Pole im Karbon an

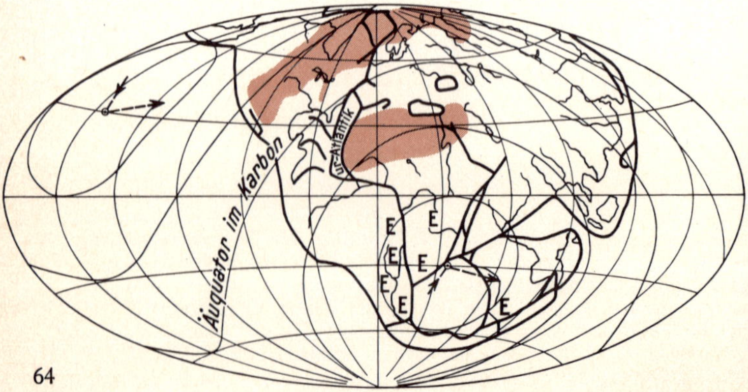

Bei paläogeographischen Betrachtungen wichtig der Begriff der *Fazies:* Raum für Zusätze

Fazies (lat. = Gesicht) = gesteinsartliche (gesteinsgenetische, lithogenetische) Ausbildung eines bestimmten stratigraphischen Horizonts (Beispiel: Sandstein- bzw. Tonfazies des Rhät; marine bzw. terrestrische Fazies des Oberen Perm; Süßwasser- bzw. Brackwasserfazies des Miozän usw.).

Flußgeschichte als Einzelaufgabe der Paläogeographie: Rekonstruktion ehemaliger Gewässerverhältnisse. Dabei wichtig Talformen, Taldimensionen, Reste und Stellung alter Talsohlen (Flußterrassen); *Schotteranalyse* untersucht die gesteinsartliche und körnungsmäßige Zusammensetzung alter Flußschotter: Erkennung älterer Einzugsgebiete, Wasserscheiden und Laufrichtungen (vgl. Abb. Idealprofil durch eine eiszeitliche Schmelzwasserabzugsrinne im Alpenvorland, S. 61).

Kontinentalverschiebungstheorie von Alfred Wegener: Vorstellung, daß die Kontinentalmassen (Sial-Schollen), im latent plastischen Sima eingetaucht, langsam horizontal driften (Vergleich mit driftenden Eisbergen). Antrieb durch Erdumdrehung: a) Polfluchttendenz infolge der Zentrifugalkraft, b) Westdrifttendenz durch Zurückbleiben der Schollen gegenüber der übrigen Erdmasse infolge Bremswirkung der Gezeiten. Antriebsrichtung durch Verlagerung der Erdachse immer wieder verändert:

Faltengebirge sind Gesteinszusammenschübe und -auspressungen infolge Zusammendriftens von Kontinentalblöcken (eurasiatische Faltengebirgszone) oder Folge des Drucks am Stirnrand driftender Schollen (westamerikanische Gebirgszone).

Tektonische Gräben (Jordangraben, ostafrikanische Grabenzone, Grabenzone Oslo–Oberrheingraben–Rhônemündung, u.a.) sind Risse, an denen sich weitere Kontinentalbrüche vorbereiten.

Meeresarme wie Rotes Meer, Straße von Mozambique sind erweiterte Gräben, in die das Meer eingedrungen ist.

Ausgangspunkt der Theorie: Auffällige Übereinstimmung der Gegenküsten von Kontinenten nach Verlauf, auch geologischem Bau (z.B. Südamerika/Afrika; Afrika/Madagaskar; NO-Afrika/Arabien u. a.). Durch die umstrittene Theorie manche sonst schwer verständliche Phänomene deutbar, wie z.B. Falten- und Deckenbau der Faltengebirge.

Südamerika, Afrika, Arabische und Vorderindische Halbinsel, Madagaskar, Australien, Antarktis nach Wegener Bruchstücke eines Ur-Südkontinents *(Gondwanaland)*; Nordamerika, Grönland, Europa und übriges Asien Bruchstücke eines Ur-Nordkontinents. Atlantischer Ozean riesig verbreiterte Spalte zwischen auseinanderdriftenden Kontinentalblöcken.

Neueste Forschung hat wichtige Argumente für die Theorie gebracht.

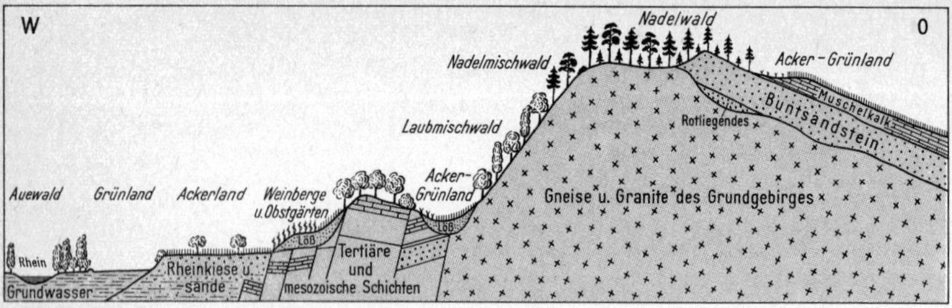

Querschnitt durch Oberrheingraben und Südschwarzwald. Zusammenhang zwischen Vegetation bzw. Anbau und Untergrund (nach R. Ganssen)

Untergrund und Landschaftsbild

Bild der Landschaft Ergebnis des Wechsel- und Zusammenspiels von Untergrund, Klima und menschlicher Arbeit in Vergangenheit und Gegenwart.

Vom Untergrund (Art, Anordnung und Lagerung der Gesteine) werden bestimmt oder beeinflußt:

1. Lage und Gestalt der Gebirge und Tiefländer, Formenschatz des Reliefs, Höhenlage des Landes, Gestalt und Begrenzung der Meeresbecken.

2. Verlauf, Dichte, Schuttführung, Gefälle, Erosion und Akkumulation der fließenden Gewässer, Talformen, Art und Verteilung stehender Gewässer.

3. Die feineren Unterschiede der vornehmlich durch Klima bestimmten Vegetation infolge Abhängigkeit der Bodendecke von Gesteinsarten, Relief und Wasserführung des Untergrundes.

4. Die Erscheinungen der menschlichen Besiedlung. Dabei von besonderer Bedeutung: Höhenlage (besonders für obere Siedlungsgrenze), Relief (Möglichkeiten für Wohn- und Wirtschaftsflächen und Verkehr), Bodenartenmosaik (Anbaumöglichkeiten, Wirtschafts- und Betriebsarten, Besitzgrößen), Wasservorkommen (Voraussetzung für Daueraufenthalt), Vorkommen nutzbarer Mineralien und Gesteine (Grundlage für industrielle Entfaltung, Einfluß auf Bauweise der Siedlungen).

Bedeutung der Geologie für Geographie und Landesplanung liegt in der Tatsache, daß Natur- und Kulturlandschaften ohne Kenntnis des Gesteinsuntergrundes nicht gedeutet und bewertet werden können.

Abriß der Erdgeschichte Mitteleuropas nördlich der Alpen

Tiefland im Norden ist Aufschüttungsland der pleistozänen Eisbedeckung. Relief und Bodenarten stark wechselnd, je nach Vorkommen von Moränen, Sanderflächen, Urstromtälern oder periglazialen Erscheinungen. Im Untergrund in unterschiedlicher Tiefe mesozoisches und paläozoisches Gestein, durch geologische und geophysikalische Untersuchungen bekannt.

Im Raum der *Mitteleuropäischen Gebirgsschwelle* zwischen Ardennen und Mährischer Pforte Reste des Variszischen Gebirges: Ardennen, Rheinisches Schiefergebirge, Kellerwald, Harz, Thüringer Wald, Frankenwald, Erzgebirge, Sudeten, Teile Böhmens, Spessart, Odenwald, Schwarzwald, Vogesen, französisches Zentralplateau. Entstanden aus der im Paläozoikum gebildeten variszischen Geosynklinale. Gebirgsbildung am Ende des Paläozoikums im wesentlichen abgeschlossen. Nach Einebnung durch mesozoische Ablagerungen überdeckt, im Tertiär vielfältig zerbrochen, gehoben und durch Abtragung freigelegt.

Zwischen Resten des Variszischen Gebirges verbreitet jüngere, besonders mesozoische Ablagerungen in Becken- und Stufenlandschaften. Schichten nur schwach gefaltet, oft von Bruchlinien und Verwerfungen durchzogen und verstellt. Ursprüngliche Lagerungsbedingungen leicht zu erkennen.

Im *Alpen-* und *Karpatenbereich* seit dem Mesozoikum Anlage alpidischer Geosynklinaltröge. Gebirgsbildung seit der Kreidezeit unter Fortbau der Tröge. Anfaltung der jüngeren Randzonen im Tertiär. Hebung der Kernzonen unter Abtragung bis auf den kristallinen Kern (vgl. S. 112).

Entwicklung bis zur variszischen Faltung

Präkambrisches Grundgebirge

Im Untergrund überall vorhanden; ursprüngliche Beschaffenheit des Gesteins schwer festzustellen, da meist metamorph. Fossilien fehlen oder nicht bestimmbar. Vorkommen in Böhmen und Umgebung, Thüringer Wald, Spessart, Oberrheinische Randgebirge.

Kambrium

Meerestransgression aus Nordwesten führt zu ausgedehnten marinen Ablagerungen, vielfach später metamorphisiert, nur sporadisch erhalten: Böhmen, Bober-Katzbach-Gebirge, Lausitz, Polnisches Mittelgebirge, Hohes Venn, Ardennen.

Raum für Zusätze

Ordovicium und Gotlandium (Silur)

Überwiegend Meeresablagerungen. Vorkommen in Sattelkernen des Bergischen Landes und des Sauerlandes. Kleinere Vorkommen von Kalken und Schiefern im Kellerwald und Lahngebiet. Im Thüringisch-Fränkischen Schiefergebirge Schichtfolge von mehr als 1000 m. In Böhmen Ablagerungen aus geringer Meerestiefe, vollständiges Profil vorhanden. Im Harz mächtige Gesteinsfolge von Schiefern und Quarziten, teilweise stark metamorph. Im Bober-Katzbach-Gebirge und in der Lausitz geringmächtige Schiefer und Quarzite als Folge der im Norden einsetzenden kaledonischen Gebirgsbildung. Dadurch zeitweise Verdrängung des Meeres aus dem nördlichen Mitteldeutschland. Heraushebung des Kaledonischen Gebirges in Nordeuropa am Ende des Silur. Südlich anschließend, im mitteleuropäischen Raum, Anlage der variszischen Geosynklinale.

Devon

Erweiterung der Geosynklinale nach Nord und Süd. Im Norden Festland (Old Red-Land), im Süden Alemannische Insel von Mittelfrankreich bis Sudeten. Beide liefern Material in diese Geosynklinale. Wechselvolle Gestaltung des Senkungstroges: Becken und Schwellen, küstennahe und küstenferne Lage, untermeerischer Vulkanismus. Daher starke Faziesunterschiede.

Im *Mitteldevon* Vordringen des Meeres zu den oberrheinischen Massiven (Schwarzwald, Odenwald), im Oberdevon zum französischen Zentralplateau.

Karbon

Zu Beginn erste Phase der variszischen Faltung. Aufwölbung der Mitteldeutschen Schwelle als Festland (Gebirge) von Lothringen bis zur Lausitz. Abtragungsschutt in wechselvollen Schichten von Konglomeraten, Grauwacken, Quarziten, Sandsteinen und Schiefern in den Randgebieten (*Kulmfazies*, meist rechtsrheinisch), in küstenferneren Bereichen feinkörnige, kalkreiche Schichten (*Kohlenkalkfazies*, meist linksrheinisch). In den absinkenden Trögen submariner Vulkanismus.

Mit Wende von *Unter-* zu *Oberkarbon* erste Hauptphase der variszischen Faltung. Geosynklinale ausgefaltet bis auf schmale Saumtiefe im Norden. 6000 m mächtige Ablagerungen belegen rasches Absinken des sich nach Norden verlagernden Troges und Hebung des Gebirges unter rascher Abtragung bis auf den kristallinen Kern. Innerhalb des Gebirgsrumpfes langgestreckte Senkungsfelder mit Binnenbecken (z.B. Saar-Selke-Trog).

Im ausgehenden *Oberkarbon* zweite Hauptphase der variszischen Faltung. Saumtiefe im Norden wird dem Gebirge angeschweißt. Mitteleuropa Festland.

Die Flözbildung

Raum für Zusätze

Durch Wechsel von Absinken und Bewegungsstillstand *zyklische Abfolge der Ablagerungen.* In Ruhezeiten Verlandung und Entfaltung mächtiger, durch feuchtheißes Klima begünstigter Sumpfwälder. Bei erneuter Überflutung durch Meer (*paralische* Flözbildung) oder Binnengewässer (*limnische* Flözbildung) rasche Verschüttung der Pflanzenmassen unter Luftabschluß: *Inkohlung* führt zur Steinkohlenbildung. Lage häufig noch an Ort und Stelle bei Erhaltung der ehemaligen Wurzelböden. Einbettung in zunächst grobe, später in feinere Ablagerungen. Durch mehrfache Wiederholung von Absinken und Bewegungsstillstand mit Verlandung und Waldbewuchs größere Anzahl von Flözen im Wechsel mit Konglomeraten, Sandsteinen und Tonschiefern. Anteil der Flöze an den gesamten Ablagerungen bis höchstens 4%. Kohlebildung über weiten Raum verteilt: Nordrand der Ardennen (Lille bis Aachen), Ruhrgebiet, Osnabrück-Ibbenbüren, Zwickauer Mulde, Waldenburger Becken, Oberschlesien, Böhmen, Saargebiet, französisches Zentralplateau.

Die variszische Faltung

Hauptereignis gegen Ende des Paläozoikums. Auffaltung des Variszischen Gebirges; 500–600 km langer Faltengebirgszug *(Karbonische Alpen).*

Verteilung von Land und Meer im Unterkarbon; Beginn der Kohlebildung (nach Brinkmann, Schmidt u.a.)

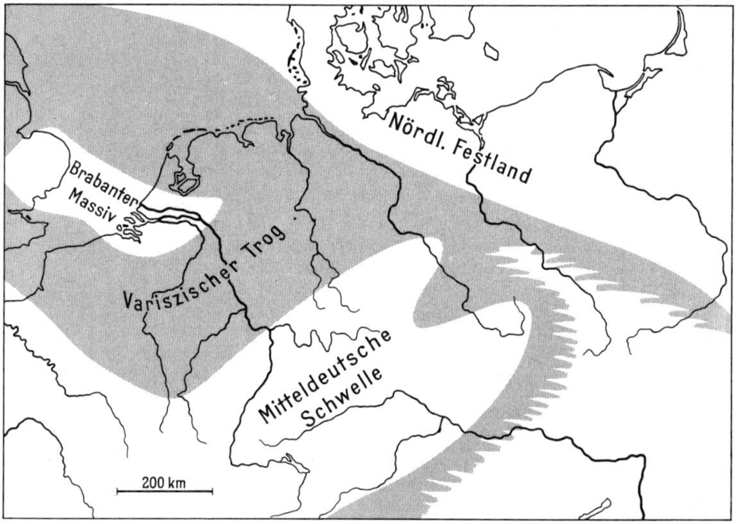

Raum für Zusätze

Beginn mit Wende Devon-Karbon (Bretonische Phase). *Hauptfaltung* zwischen Unter- und Oberkarbon (Sudetische Phase) und im Oberkarbon (Asturische Phase), Abklingen im Perm (Saalische und Pfälzische Phase). Bewegungsrichtung der Faltung hauptsächlich gegen Nord. Ausmaß der Horizontalbewegungen alpenähnlich.

Im linkselbischen Bereich Streichen der Ketten SW – NO *(variszische* oder *erzgebirgische Richtung)*, rechts der Elbe NW – SO (*sudetische = herzynische* Richtung).

Aufbau in 4 Zonen:

1. Im Norden *subvariszische Vor-* oder *Saumtiefe* (Hauptanteil der paralischen Kohlebildung).
2. *Rheno-herzynische Zone* der variszischen Geosynklinale (mächtige Ablagerungsfolgen Devon-Karbon): Ardennen – Rheinisches Schiefergebirge – Harz.
3. *Saxo-thuringische Zone*, innere Zone mit kristallinem Kern (Spessart – Odenwald – Erzgebirge – Eulengebirge), mit Ablagerungen, darunter Kohlen, in Senkungsgebieten.
4. *Moldanubische (zentrale) Zone* mit überwiegend kristallinem Gestein der Gebirgskerne und nur geringmächtigen Ablagerungen (Schwarzwald, Vogesen, Bayerischer Wald, Böhmen).

Alpenraum südlich der moldanubischen Zone mit vielfach gefalteten, aber nicht verfestigten Schichtfolgen. Erste Andeutung der zukünftigen alpidischen Geosynklinale.

Entwicklung vom Ende der variszischen Faltung bis zur Gegenwart

Zustand am Ende der variszischen Gebirgsbildung

Variszische Gebirgsbildung verursachte weitgehende *Konsolidierung des Untergrundes*. Anschließend *Abtragung* und *Einebnung* des alten Gebirges; Ende der Flözbildung bis auf geringe Nachklänge. Über erstarrtem Untergrund jüngere Ablagerungen, nur noch schwach gefaltet. Metamorphose selten. Fossilien meist gut erhalten. Spätere Herausarbeitung von Schichtstufenlandschaften infolge Schiefstellung der Schichtpakete und Abtragung. In Becken- und Grabengebieten mächtige ungestörte Schichtfolgen.

Perm

Rotliegendes (Unterperm): Zurückweichen des Meeres, Verlandung. Vergrößerung der festländischen karbonischen Senken, Ausfüllung des Gebirges durch Abtragungsschutt. Auftreten neuer tektonischer Richtungen *(Rheinisches Streichen NNO–SSW)*, kräftiger Vulkanismus (Saar-Nahe-Gebiet, Sachsen, Schwarzwald). Innerhalb der saxo-thuringischen Zone starke Senkungserscheinungen mit letzten Flözbildungen.

Tröge des französischen Zentralplateaus verfolgbar nach Osten zum Oberrhein und, verhüllt durch Deckgebirge, bis zum Bayerischen Wald und nach Böhmen.

Zechstein (Oberperm): Verklingen der Bewegungen in variszischer und herzynischer Richtung, Umgestaltung des tektonischen Gefüges. In Norddeutschland Vorherrschen der Ost-West-Richtung. In Südwestdeutschland Hervortreten der neuen rheinischen Richtung. Im Kreuzungsbereich beider Streichrichtungen Ausbildung des *Germanischen Beckens.* Neue Meerestransgression von Norden: flaches Binnenmeer mit Ausläufern zum unteren Neckar, zum Thüringer Schiefergebirge, Erzgebirge und Sudeten. Durch erste Abschnürung Ablagerung dunkler Mergelschiefer, in schlecht durchlüfteten Senken mit sulfidischer Erzanreicherung (mitteldeutscher Kupferschiefer). Nach vorübergehender Erweiterung der Verbindung zum Ozean (Zechsteinkalk) erneute Einengung. Vgl. auch Karte S. 90.

Bildung von Salzlagerstätten

Starke Eindampfung in dem weitgehend vom Meer getrennten Becken bei heißem Klima, dadurch Bildung stark konzentrierter Salzlaugen. Durch schmalen Zugang führt nachströmendes Meerwasser über längere Zeiträume immer mehr Salz herein. Bei stärkerer Austrocknung schließlich Stoffausfällung in charakteristischer Abscheidungsfolge:

Kalke und Dolomite, später Anhydrite (bei Hinzutritt von Wasser sekundär in Gips umgewandelt), reines Steinsalz, aus den Restlaugen verschiedene Arten von Kalisalzen (Kainit, Sylvinit, Carnallit). Diese Reihenfolge beschränkt auf die tiefsten Stellen der austrocknenden Becken. Zufuhr von frischem Meerwasser führt zur Auflösung oder bei rascher Bedeckung durch Schlamm (Salzton) zur Erhaltung der Lagerstätte.

Erneutes Einsetzen des Eindampfungsvorganges wiederholt die Reihenfolge, solange Voraussetzungen dafür andauern. Somit Entstehung einer Folge von Zyklen (z.B. Werraserie – Staßfurtserie–Niedersachsenserie). Mächtigkeit der gesamten Salzfolge örtlich bis 1000 m.

Trias

Fortdauer und Erweiterung des Germanischen Beckens, im *Buntsandstein* bei aridem Klima stärker festländisch. Erweiterung der Senke in südwestlicher Richtung unter Übergreifen auf das Grundgebirge. Im *Muschelkalk* weithin Überflutung durch Flachmeer. Verbindung mit Tethysmeer (s.S. 116) im Süden (alpidische Geosynklinale im Mittelmeerraum). Öffnung der Oberschlesischen, später der Burgundischen Pforte. Im *Keuper* Meeresregression und Überwiegen festländischer Bildungen. Rhätstufe leitet durch erneute Transgression von Norden zum *Jura* über.

Keine stärkere Gebirgsbildung. Schwaben und Franken im Vorfeld der *Vindelizischen Schwelle*, dadurch von der Alpengeosynklinale getrennt. Vgl. auch Karte unten.

Jura

Verbindung des Germanischen Beckens mit der Tethys über Oberrhein-Rhône-Gebiet, mit dem innerrussischen Meer über Baltische Straße. Vindelizische Schwelle (Böhmen, Südbayern) bleibt zunächst bestehen.

Im *unteren (schwarzen) Jura* (Lias) Überflutung der Randgebiete. Im *mittleren (braunen) Jura* (Dogger) Zusammenschluß der Ardennisch-Rheinischen Masse mit Vindelizisch-Böhmischer Masse: Trennung des norddeutschen vom süddeutschen Jurameer. Einengung im Norden durch Cimbrisches Festland (Nordsee, Jütland, westliche Ostsee) bis auf Osnabrücker Straße. Im *oberen (weißen) Jura* (Malm) zunächst noch Erweiterung des überfluteten Raumes. Gegen Ende langsame, aber stetige Verdrängung des Meeres. Eindampfungen und brackische Ablagerungen auf breitem Raum. Verbindung des Mitteldeutschen mit Cimbrischem Festland (Pompeckjsche Schwelle im Unterelbebereich). Verlagerung der Baltischen Straße nach Nordostdeutschland. Ursache der Veränderungen ist Jungkimmerische Phase als Vorbote der alpidischen Gebirgsbildung.

Verteilung von Land und Meer in der Triaszeit
(nach Brinkmann, Schmidt u. a.)

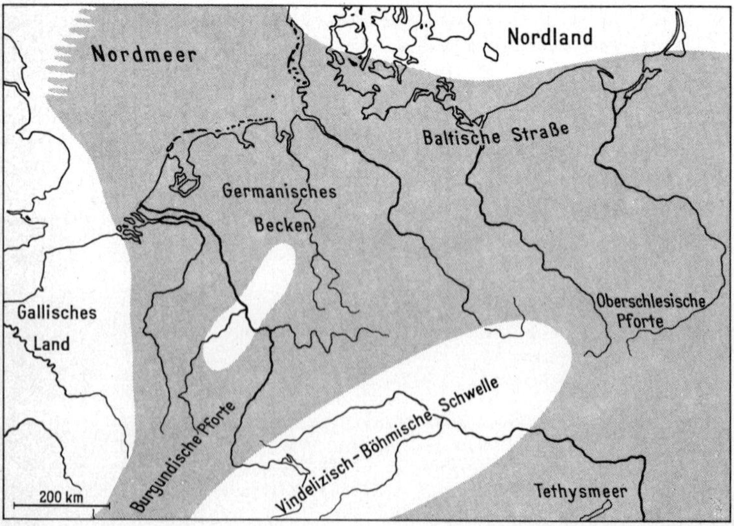

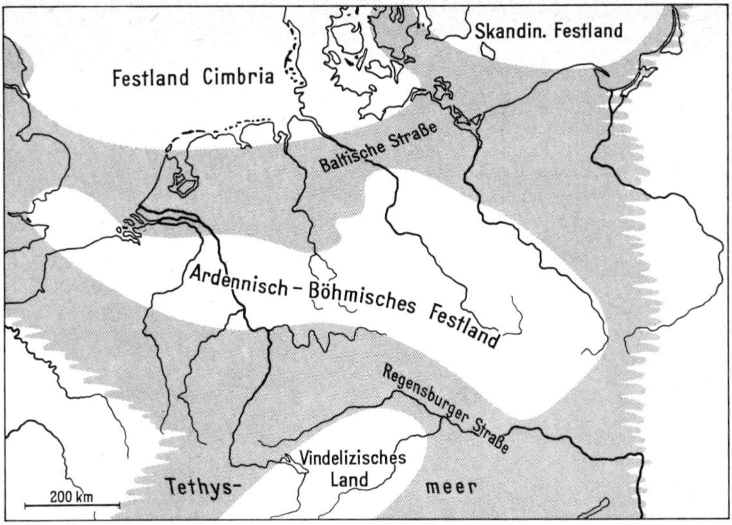

Verteilung von Land und Meer in der Jurazeit/Doggerstufe (nach Brinkmann, Schmidt u. a.)

Verteilung von Land und Meer in der Kreidezeit. Transgressionshöhepunkt in der Turonstufe (nach Brinkmann, Schmidt u. a.)

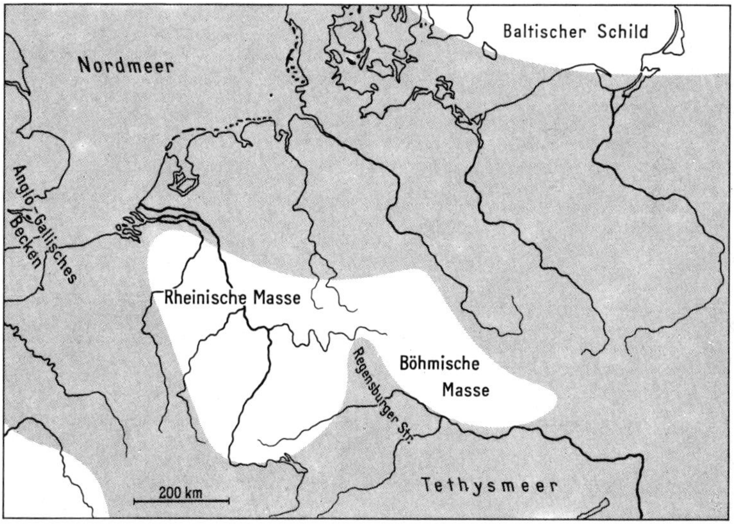

Kreide

Deutschland außer Nordwestdeutschland zunächst Festland. *Baltische Straße* im Raum Brandenburg-Pommern unterbrochen. Nordwestdeutschland und Cimbrisches Festland später erneut überflutet (Beginn der neuen Transgression gegen Ende der Unterkreide). Weiteres Vordringen in der *Oberkreide* (Turon). Festland nur noch in West- und Süddeutschland. Dann Eindringen des Meeres durch Regensburger Straße von Schlesien über Böhmen bis zur Frankenalb.

Am Ende der Kreide vollständiger Rückzug des Meeres infolge der Gebirgsbildung im Alpenraum.

In der Subherzynen Phase in Mittel- und Norddeutschland schwächere tektonische Vorgänge. Im Bereich der mesozoischen Beckenfüllungen Bruchschollentektonik.

Tertiär

Übergang zur gegenwärtigen Verteilung von Land und Meer. Norddeutsche Senkungszone von Nordwesten wieder überflutet: im älteren Tertiär Meer von Nordwestdeutschland bis Pommern; dann Regression auf den Nordseeraum.

Im *Mitteloligozän* nochmals vorübergehend Überflutung Nord- und Ostdeutschlands. Vordringen des Meeres bis zur Mittelgebirgsschwelle. Durch Hessische Senke und Oberrhein-Rhône-Furche Verbindung zwischen Norddeutschem Becken, Mittelmeer sowie dem Molassemeer am Nordrand der Alpen. Nach Regression des Meeres gegen Ende des Tertiärs gesamte Deutsche Bucht landfest.

In festländischen versumpften Becken mehrfach Entstehung von *Braunkohlenflözen*. Da stetiges, langsames Absinken, wenige, aber durchschnittlich sehr mächtige (bis 20 m) Flöze (rheinische, mitteldeutsche, hessische, böhmische Braunkohle).

Zwischen Juragebirge und den in Entstehung begriffenen Alpen Randsenke (Molassebecken) mit zweimaligem Eindringen des Meeres (s. oben).

Faltung der Alpen zieht im starr gewordenen mitteleuropäischen Raum mannigfaltige Dislokationen (Verwerfungen und Grabenbrüche) nach sich.

Mobiles Zechsteinsalz durch Druck der überlagernden Schichtenfolge an Bruchlinien aufsteigend, Bildung von Salzstöcken (s. S. 37). Erstmals wieder kräftiger *Vulkanismus* (Rheinland, Nordböhmen, Hessen, Schwaben). Allmähliche Klimaverschlechterung leitet Übergang zur Eiszeit ein.

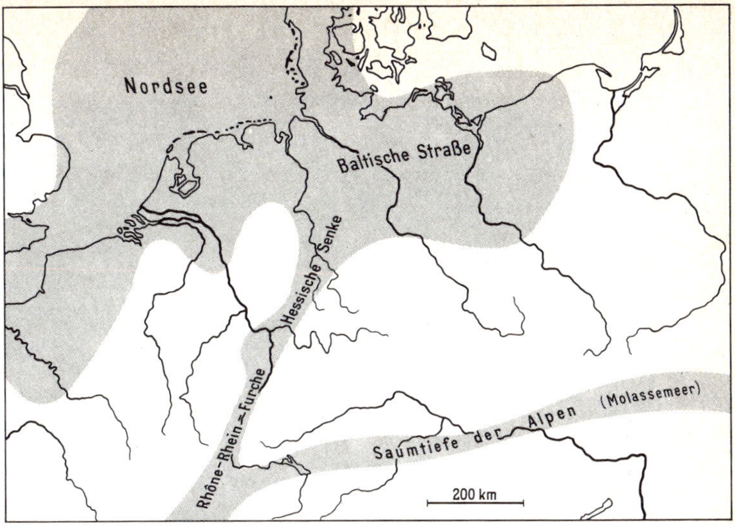

Verteilung von Land und Meer im Tertiär/Oligozänstufe (nach Brinkmann, Schmidt u.a.). Letzter großer Meeresvorstoß

Pleistozän (Eiszeitalter)

Mehrere, verschieden weit reichende Inlandeisvorstöße aus Skandinavien. Dementsprechend Ausbreitung mehrerer Decken von Gletscherschutt bis an Mittelgebirgsrand. Mittelgebirgsschwelle und Süddeutschland eisfrei, abgesehen von lokalen Gletschern der höheren Mittelgebirge. Alpenraum in jeder Vereisung mit starker Talvergletscherung, deren Ströme sich im nördlichen Alpenvorland zu geschlossener Eisdecke vereinen, im Süden als Einzelgletscher am Gebirgsrand enden.

Holozän (Gegenwart)

Nach endgültigem Eisrückgang allmählicher Übergang zum gegenwärtigen Klima über verschiedene Zwischenstufen. Ausbildung der heutigen Küstenlinie von Ost- und Nordsee. Dabei Wechsel von Hebung und Senkung: Öffnung und Schließung der Meereszugänge, Durchbruch des Ärmelkanals (vgl. S. 80 und Karte S. 81).

Im Eiszeitschutt Nordwestdeutschlands und des Alpenvorlandes Aufwachsen ausgebreiteter *Niederungs-* und *Hochmoore* (Seeverlandung).

Das Norddeutsche Tiefland

Der voreiszeitliche Untergrund

Präpleistozäne Schichten unter Eiszeitschutt begraben. Nur an wenigen Stellen Durchragungen, die einen direkten Einblick gestatten. Untergrund im großen und ganzen durch Bohrungen und geophysikalische Untersuchungen bekannt. Entwicklung der Schichten häufig den Verhältnissen gut aufgeschlossener Nachbarbereiche vergleichbar.

Das Grundgebirge (Präkambrium – Rotliegendes)

Norddeutschland im *Paläozoikum* meist überflutet. Nördliche Teile in Devon und Karbon Festland (Old Red-Land, vgl. S. 68). *Prävariszische* Gesteinsfolge meist von mächtigen mesozoischen und quartären Ablagerungen verdeckt, lokal anstehend in Südbrandenburg (Koschenberg, Rothstein, Weißig). Bei Doberlug-Kirchhain (Bez. Cottbus) präkambrische Phyllite, kambrische Sandsteine und Tonschiefer, karbonische Grauwacken, Konglomerate und Schiefertone mit Flözpartien aus Bohrungen bekannt. In Ostpommern (Leba) silurische Graptolithenschiefer in 750 m Tiefe erbohrt. Im Rotliegenden Norddeutsche Senke als Beginn des Germanischen Beckens. Auffüllung mit Schutt des Variszischen Gebirges.

Im Unterelbegebiet über 1000 m mächtige rote Tone mit Steinsalzhorizonten (Lieth b. Elmshorn, Dithmarschen). In Ostpreußen dolomitische Kalke und rotfarbene Mergel.

Das Deckgebirge (Zechstein – Tertiär)

Gips des *Zechstein* anstehend bei Sperenberg (südl. Berlin), bei Lüneburg und Bad Segeberg (Holstein): durch Salzaufstieg (s. S. 37) an die Oberfläche gedrückte isolierte Vorkommen. In Nordwestdeutschland zwischen Westfälischer Bucht und Schleswig-Holstein zahlreiche Salzstöcke. Durch Bohrungen auf Erdgas und Erdöl und durch Solequellen im ganzen Raum des Zechsteinmeeres (s. S. 71) erschlossen.

Im Bereich des Germanischen Beckens *Triasschichten* in größerer Mächtigkeit nachgewiesen. In Ostpommern Tiefenlage des *Buntsandstein* wenigstens 500 m. Helgoland isolierte Scholle aus mittlerem Buntsandstein. Im Bereich der Helgoländer Düne auch *Muschelkalk* und *Kreide*, ferner bei Lüneburg, bei Kalbe (Altmark) und Rüdersdorf (bei Berlin); häufig im Zusammenhang mit Salzaufpressung. *Keuper* nachgewiesen in Bohrungen bei Rostock, Greifswald und in Westmecklenburg.

Ablagerungen des *Jura* in Norddeutschland nur gelegentlich aufgeschlossen oder erbohrt, meist im Bereich der Baltischen Straße (s. S. 73). Bei Dobbertin (Mecklenburg) Liastonschiefer mit Ammoniten, bei Greifswald und Kammin Liastone erbohrt.

Von Usedom und Ostpommern *Dogger* und *Malm* bekannt: sandige Oolithe, Sandsteine, Kalkmergel, Tone.

Raum für Zusätze

In Schleswig-Holstein und Mecklenburg weder Dogger noch Malm (Pompeckjsche Schwelle und Cimbrisches Festland; s. S. 72). Im Niedersächsischen Becken weite Senkungszone (Hamburger Loch) mit mächtigen Dogger- und Malmablagerungen. Seit oberer *Kreide* zunehmende Transgression auf das freigelegte Grundgebirge (Westfälische Kreidemulde).

Im östlichen Norddeutschland jenseits der Pompeckjschen Schwelle (untere Oder, Ostpommern) limnische kalkreiche Quarzsande, dunkle Schiefer und Mergel. In der Oberkreide Wiederöffnung der Baltischen Straße. Weiträumige Transgression: Grünsande, Mergel und glimmerreiche weißliche Kreide, in Fazies der Schreibkreide (Rügen, Mecklenburg, Holstein) mit dunklen und hellen Feuersteinlagen (Konkretionen aus Kieselsäure) übergehend.

In Ostpommern und Ostpreußen sandige Mergel und tonige kieselreiche Schreibkreide. Flachmeerablagerungen. Am Ende der Kreide ganz Norddeutschland landfest.

Im *Tertiär* abermals Überflutung des norddeutschen Küstengebietes, im Oligozän ganz Norddeutschlands bis nach Nordostdeutschland. In Ostpreußen glaukonitreiche Sande: blaue Erde des Samlandes mit Bernstein (fossiles Harz überfluteter Wälder).

In Mecklenburg „Sternberger Kuchen“ (fossilreiche Sande). In Westpreußen und an der Warthe Braunkohlensande mit einzelnen abbauwürdigen Flözen. Im Oberoligozän Meeresrückzug.

Im Unterelbegebiet noch Meeresablagerungen (tonige Sande, plastisch gebliebene Tone) bei Hamburg, in Schleswig-Holstein und Westmecklenburg. Bei Dömitz weiße Quarzsande und etwas Braunkohle. Dann Übergang in die das Pleistozän unterlagernden Sande und Kiese.

Die Glaziallandschaften Norddeutschlands

Mindestens drei große Vorstöße des skandinavischen Inlandeises mit dazwischen liegenden Eisrückgängen (Interglazialzeiten) sicher nachweisbar. Eine weitere ältere Vereisung vermutlich nicht bis in den norddeutschen Raum vorgedrungen oder ihre Spuren durch Ablagerungen späterer Eisvorstöße überdeckt (vgl. zum Folgenden auch Tabelle S. 58).

Ablagerungen der beiden ersten Vereisungen (*Elster-* und *Saale-Vereisung*) bis zum Mittelgebirgsrand *(Altmoränenlandschaft)*; teilweise mächtige Überdeckung paläozoischer und mesozoischer Gesteine: in Senken stellenweise über 250 m (Umgegend von Bremen). Relief vor allem durch Klima während der letzten Vereisung *(Weichsel-Vereisung)* weitgehend ausgeglichen.

Raum für Zusätze

Formen im Bereich der jüngsten *(Weichsel-)Vereisung* dagegen frisch *(Jungmoränenlandschaft)*. Endmoränen in weitgespannten Bögen ausgebildet (Südlicher und Baltischer Landrücken).

Im Bereich von *Grundmoräne* und *Endmoräne* Findlinge aus den skandinavischen und finnischen Herkunftsgebieten des Eises in allen Größenordnungen. Auf anstehendem Gestein Gletscherschrammen (z. B. Rüdersdorf bei Berlin).

Vor dem Eisrand *Sanderflächen* und Schmelzwasserrinnen *(Urstromtäler)*. Verbreitet Dünenbildung und Lößanwehung. Im periglazialen Raum Frostbodenerscheinungen (Strukturböden, Eiskeile, Brodelböden).

Im Mittelgebirgsraum Gewässerentwicklung während und nach der Eiszeit an Flußterrassen ablesbar (vgl. Tabelle S. 58). Nach dem Abschmelzen des Eises wechselvolle Küstengeschichte von Ost- und Nordsee.

Die älteren Glaziallandschaften (Altmoräne)

Elster-Eiszeit (entspricht Mindel-Eiszeit der Alpen, s. S. 58). Vor etwa 450000 Jahren. Verlauf des Eisrandes von Emsmündung über Hannover – Thüringen – Sachsen. Spuren in der Zwickauer Gegend, im Elbsandsteingebirge, bei Schandau, Reichenberg, in Nieder- und Oberschlesien. Grundmoräne bis 30 m mächtig. Oberflächenformen durch die folgenden Klimaveränderungen weitgehend verwischt. Ablagerungen vielerorts nur unter jüngeren Eisablagerungen nachweisbar.

Südgrenze des nordischen Inlandeises während der Hauptvereisungen

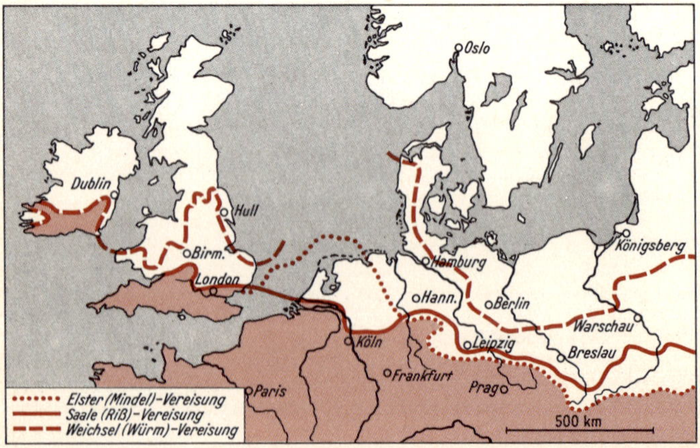

Elster-Saale-Interglazialzeit (Holstein-Interglazial). Kräftige Erwärmung. Meereseinbruch im Nordseeküstengebiet mit Ablagerung des Lauenburger Tons (50 m) aus Eisschmelzwasser. Darüber Sande und Schlick der Holsteinsee (15 m). Weitere Erwärmung bis zum Optimum, nachfolgend erneutes Absinken der Temperatur. Dauer des Elster-Saale-Interglazials etwa 120000 Jahre.

Raum für Zusätze

Saale-Eiszeit (entspricht Riß-Eiszeit der Alpen, s. S. 58). Vor etwa 230000 Jahren. Vorstoß des Eises bis Rheinmündung und in Kölner Bucht. Erhebliche Ausdehnung im Raum vor den Mittelgebirgen. Nur in Thüringen und Sachsen Randlage der Elstervereisung nicht mehr erreicht. Mehrere Einzelvorstöße erkennbar an Endmoränenlagen:

Amersfoorter Stadium: Endmoräne am weitesten nach Westen und Süden vorgeschoben, in Ostholland und am Niederrhein bei Krefeld, Fortsetzung nach Osten in den Endmoränen des Ruhrgebietes.

Osning-Stadium, gleichlaufend etwa mit dem Kamm des Teutoburger Waldes. Aufschüttung des Sennesanders bei Paderborn im inneren Winkel der Münsterschen Bucht (über 80 m mächtige glaziale Schichtfolge).

Rehburger Stadium. Zusammenhängender Endmoränenzug von Holland über Lingen, Fürstenauer Berge, Dammer Berge, Steinhuder Meer, Lüneburger Heide (Fallingbostel), Braunschweig nach Magdeburg. Dabei mehrere Einzelstaffeln unterscheidbar.

Warthe-Stadium. Wahrscheinlich Randlage eines gesonderten Eisvorstoßes. Hauptgebiet Lüneburger Heide; von den Schwarzen Bergen (bei Harburg) über Wilseder Berg, Altmark, Fläming, Lausitzer Grenzwall bis Trebnitzer Katzengebirge; ausgeprägte Sanderbildungen. – Zugeordnet als Hauptschmelzwasserrinne das Breslau-Bremer Urstromtal. Von der oberen Oder über Bober, Queiß, Neiße, Spree, Schwarze Elster, mittlere Elbe, obere Aller zur Unterweser.

Während der Eisbedeckung im periglazialen Randgebiet Ablagerung des älteren Löß.

Saale-Weichsel-Interglazialzeit (Eem-Interglazial). Erhebliche Verbesserung des Klimas, teilweise wärmer als heute. Von der Nordsee her erneutes Vordringen des Meeres *(Eem-Meer)* in den Ostseeraum; breite Verbindung zwischen Nord- und Ostsee (Dauer etwa 26000 Jahre). Erneute Klimaverschlechterung.

Die jüngere Glaziallandschaft (Jungmoräne)

Weichsel-Eiszeit (entspricht Würm-Eiszeit der Alpen, s. S. 58). Etwa 110000—20000 vor unserer Zeit. Formenschatz deutlicher erhalten als bei den älteren Vereisungen. Jungmoränenlandschaft.

Kuppige Grundmoräne in Ostholstein, Mecklenburg, Pommern, Rügen. In abflußlosen Hohlformen Rinnenseen, Toteisseen. Ausgedehnte Seenplatten (Rinnenseen).

Raum für Zusätze

Mehrere hintereinander gestaffelte Endmoränen (Rückzugsstadien):

Brandenburger Stadium zwischen Elbe und Warthe; äußerste Grenze der letzten Vereisung von Havelberg über Brandenburg und Guben nach Lissa. – Zugehöriger Schmelzwasserabfluß: *Glogau-Baruther Urstromtal,* von Glogau über Forst und Luckenwalde zur Elbe bei Genthin.

Frankfurter Stadium. Äußere baltische Endmoräne. Begrenzung durch Mecklenburgische und Ostpreußische Seenplatte: von Holstein über Mecklenburg, teilweise das Brandenburger Stadium noch überdeckend, Frankfurt (Oder), Posen zur Weichsel. – Zuzuordnen das *Warschau-Berliner Urstromtal*, von der Warthe über Spree und Havel zur Elbe.

Pommersches Stadium. Innere baltische Endmoräne. Besonders deutlich ausgeprägte Endmoränenzüge, vor allem im Gebiet der westlichen Ostsee. Umgrenzung der Zunge des Odergletschers. Nach Osten Aufspaltung in mehrere Staffeln (Ostpommern, Turmberg bei Danzig, Ostpreußen). Große Sanderflächen (Tucheler Heide). — Zugeordnet als Hauptschmelzwasserabfluß das *Thorn-Eberswalder Urstromtal*. Verlauf von der Weichsel über Netze, Warthe, Oder, Eberswalde zur Elbe.

Im eisfreien Gebiet Aufwehung des jüngeren Löß, vor allem an Luvseiten der Mittelgebirge. Im noch nicht durch Vegetation gefestigten Randgebiet Umlagerung der Sandmassen durch Wind: Aufwehung von Binnendünen.

Norddeutschland nach der Eiszeit

Küstengeschichte der Nord- und Ostsee. Mit weiterem Eisrückgang Beginn der Nacheiszeit (Holozän). Durch Abschmelzen der Gletscher *eustatischer* Anstieg des Meeres. Im Ostseeraum vor dem Eiswall Bildung des ausgedehnten *Baltischen Eisstausees*. Später Öffnung einer Verbindung zur Nordsee: Salzwasser *(Yoldiameer)*. Durch Entlastung vom Eis Aufsteigen Skandinaviens. Infolgedessen Hebung auch im Randgebiet und völlige Abschließung: Ostsee jetzt Binnenmeer *(Ancylussee)*. Abermalige Verbindung von Nord- und Ostsee *(Litorinazeit)* bei unterschiedlich geöffneten Zugängen durch Sund und Belte (vgl. auch Tabelle S. 62).

Durchbruch des Kanals zwischen England und Frankreich (4000—2000 v. Chr.). Stärkeres Vordringen des Meeres im alten Senkungsfeld der Nordsee: Tiefe Meereseinbrüche im Küstenraum (Dollart, Jadebusen). Alte Rheinmündung mit Themse als Nebenfluß nördlich der heutigen Doggerbank.

Aufbau der *See-* und *Flußmarschen* im Gezeitenbereich der Nordsee durch häufige Überflutung und Ausfällung feiner Sedimente.

Klimageschichte des Holozäns. Nach Abschmelzen des Eises zunächst Tundrenzeit. In der folgenden *Dryas-Zeit* überwiegend kleine und zwergwüchsige Pflanzen. Erstes Auftreten der Birke, später Kiefer, Wacholder, Sanddorn. Allmähliche Bewaldung durch Kiefern und Birken. Kräftigere Erwärmung im *Allerödabschnitt* (Baltischer Eissee). Dauer etwa 1000 Jahre.

Vergletscherung der Nordsee während des Maximums der letzten (Weichsel-)Vereisung (nach H. Valentin)

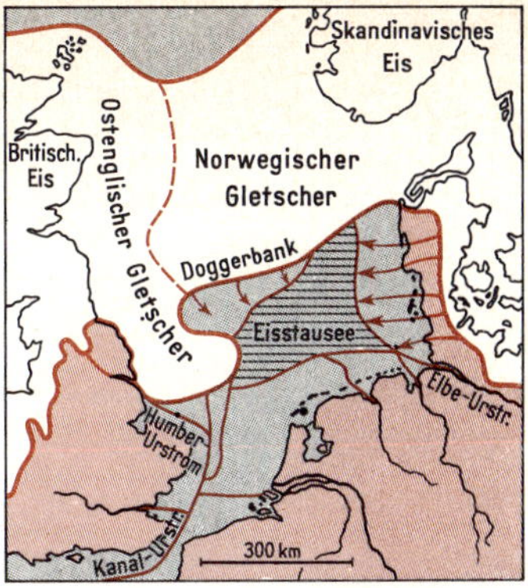

Raum für Zusätze

Postglazialer Küstenverlauf in der Nordsee vor Durchbruch des Ärmelkanals

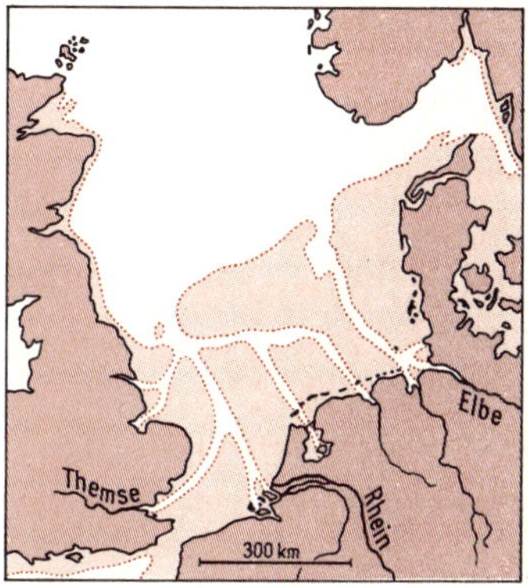

Stärkere Abkühlung unterbricht diese Entwicklung. Abnahme der Baumbestände zugunsten von Tundravegetation.

Etwa ab 7800 v. Chr. nachhaltige Verbesserung des Klimas: warme und trockene *Borealzeit*. Entwicklung des Birken-, Kiefern- und Haselnußwaldes. Einwandern von Eiche – Ulme – Linde. Bildung des Eichenmischwaldes.

Im *Atlantikum* (5000–3000 v. Chr.) feuchtere Sommer, wärmere Winter. Einwanderung der Rotbuche. In Nordwestdeutschland Vernässung und Flachmoorbildung oder durch starke Niederschläge geförderte Hochmoorbildung. Heutiges Klima etwas kühler als im Atlantikum.

Subboreal- und *subatlantische Zeit* entsprechen der weltgeschichtlichen Zeitspanne der Metallzeiten (vgl. Tabelle S. 62).

Raum für Zusätze

Mitteldeutschland

Das Grundgebirge

Überall *vorkambrisches* und *kambrisches Grundgebirge* unter jüngeren Gesteinen vorhanden. Vermutlich in ältere Faltungsvorgänge einbezogen. Meist stark metamorph.

Nach Abschluß der kaledonischen Gebirgsbildung Ablagerung *paläozoischer Schichten* in der großen variszischen Geosynklinale (Devon-Karbon). Zu bedeutender Mächtigkeit angehäuft, während der variszischen Gebirgsbildung unter Verlagerung des sinkenden Raumes von S nach N alpenähnlich gefaltet. In den Rand- und Binnensenken dabei umfangreiche Kohlenbildung.

Verlauf der Tiefenlinien der variszischen Tröge von SW nach NO (erzgebirgische Streichrichtung), entspricht späterem Verlauf der Faltenzüge im links- und rechtsrheinischen Gebiet, im Kellerwald, Harz und Thüringer Wald bis zur Elbe, östlich der Elbe Verlauf der Tiefenlinien von NW nach SO (herzynische Streichrichtung des variszischen Bogens). Variszisches Gebirge im ausgehenden Paläozoikum rasch abgetragen und besonders im Nordteil von jüngerem Gestein verhüllt. Einzelne Teile des alten Faltenrumpfes seit dem Mesozoikum gehoben und in Schollen zerbrochen. Rumpfflächen durch Verwitterung stark zerschnitten: Grundgerüst der heutigen Mittelgebirgslandschaft zwischen Ardennen und Sudeten.

Ardennen

Über Graptolithenschiefern des *Kambrium* vorwiegend schiefrige marine Ablagerungen. Ardennen als Teil des *Brabanter Massivs* am Rande des kaledonischen Geosynklinaltroges schon im Silur gefaltet und gehoben.

Im *Unterdevon* 5000 m mächtige Schieferfolge, später auch Kalke und Sandsteine. Im Unterkarbon Ausbildung der Fazies des *Kohlenkalks* (s. S. 68 u. 85). Im *Oberkarbon* mehr als 1300 m mächtige kohlenführende Schichten der Namur- und Westfalstufe. Schichtfolgen von Devon und Karbon vielfach nach Örtlichkeiten aus Ardennen und Rheinischem Schiefergebirge benannt.

Eifel und Hohes Venn

Variszischer Faltenrumpf enthält über fraglichem Kambrium und Silur (Vennsattel mit Quarziten und „Vennwacken") mächtige Ablagerungen des *Unter-* und *Mitteldevon* (Siegen- und Koblenzstufe): Vorherrschend sandig-schiefrige Gesteine, Grauwacken und Quarzite, im flachen Meer Ausbildung von Korallenrasen, Riffkalken und Dolomiten (500 m Eifeldolomit). Versteinerungsreiche Kalkmulden der *Kalkeifel* (Gerolstein, Prüm, Bitburg).

Höheres *Devon* nur lückenhaft. *Unterkarbon* vorwiegend in Art des von Belgien herüberreichenden Kohlenkalks (bei Aachen noch 300 m, bei Ratingen 150 m, nach Osten ausklingend).

Im Aachener Raum Kohlenführung beginnend mit Namur B, endend mit Westfal B. Reihenfolge: *Stolberger Schichten* (über 1000 m mächtig), *Kohlscheider Schichten* (400 m), *Alsdorfer Schichten* (400 m).

Raum für Zusätze

Kohlenführende Schichten stark gefaltet und durch Verwerfungen gestört.

Hauptvorkommen der Steinkohle: Indebecken bei Stolberg und Eschweiler, Wurmrevier nördlich Aachen, Limburger Revier im deutsch-holländischen Grenzgebiet.

Rechtsrheinisches Schiefergebirge: Taunus, Westerwald, Bergisches Land, Sauerland, Rothaargebirge

Komplizierter variszischer Faltenbau. Taunusblock mit Härtlingszug des Taunusquarzits (95% SiO_2); Quarzgänge als Klippen herauspräpariert.

Ostteil des Sauerlandes stärker gehoben als Westseite. Im Osten begrenzt durch Staffelabbrüche zur Hessischen Senke, im Westen durch Hauptterrasse des Rheins; Nordbegrenzung durch Rand der Kreidebedeckung. Höchste Erhebungen: Ebbeschwelle und Rothaarschwelle. Quarzite, Porphyre und Deckdiabase Härtlinge bildend, z. B. kaminartig ausgebildeter Quarzporphyr der Bruchhauser Steine.

Kambrium nicht bekannt. Im Remscheider Sattel und im Kern des Ebbegebirges silurische Tonschiefer mit Graptolithen. Bei Gießen und Marburg Kalke und Schiefer des *Obersilur*.

In der *Siegen-* und *Koblenzstufe* (Devon) über 4000 m bunte, sandige, grobe Schiefer und Grauwacken. Bei zunehmender Meerestiefe Ablagerung von dunklen Schiefern *(Hunsrückschiefer)*. Eingelagerte Quarzitbänke als Klippenbildner (Rheintal). Gesamtmächtigkeit der Schichten mehr als 7000 m.

Gliederung im Devon

KARBON			
DEVON	Oberdevon	Wocklumer-Stufe Dasberg-Stufe	(Famenne-Stufe)
		Hemberg-Stufe Nehdener-Stufe Adorf-Stufe	(Frasne-Stufe)
	Mitteldevon	Givet-Stufe Eifel-Stufe	
	Unterdevon	Oberkoblenz-Stufe Unterkoblenz-Stufe Siegen-Stufe Gedinne-Stufe	
SILUR			

Raum für Zusätze

Bei weiterem Sinken des Geosynklinaltroges wechselhafte Ausbildung von Becken und Schwellen mit örtlich starken Faziesunterschieden.

Von der Küste eines nördlichen Festlandes *(Old Red-Land)* Verfrachtung von Verwitterungsschutt: sandigtonige Schiefer *(Lenneschiefer)* des Sauerlandes. Ausgedehnte Korallenriffe in einem verhältnismäßig flachen, warmen Meer vornehmlich an Schwellen ausgebildet; eingelagert mächtige Kalkschichten (Höhlenbildungen im *Massenkalk*, z.B. des Sauerlandes).

In festlandfernerem Gebiet Fortdauer der Ablagerung feinkörniger, gebänderter Schiefer.

Im *Mitteldevon* zunehmender Vulkanismus. Untermeerische Lavaergüsse und Tuffe (Diabas, Schalstein). Infolge Einwirkung eisenhaltiger Aushauchungen mehrfach Bildung von Roteisensteinflözen (Lahn-Dill-Gebiet).

Im *Oberdevon* Fortsetzung der Riff- und Plattenkalkbildung im Flachwasser und von dunklen Schiefern in tieferen Becken (Nuttlarer und Fredeburger Dachschiefer).

Innere und südliche Bereiche der großen variszischen Geosynklinale in der *Bretonischen Phase* gefaltet. Weitere Ablagerungen geringmächtig oder lückenhaft.

Gliederung im Karbon und Phasen der variszischen Gebirgsbildung

TRIAS				Pfälzische Phase
PERM	Zechstein Oberrotliegend Unterrotliegend			Saalische Phase
KARBON	Oberkarbon	Stefan	C B A	
		Westfal	D C B A	Asturische Phase
		Namur	C B A	Erzgebirgische Phase
	Unterkarbon	Visé Tournai	(Kulm und Kohlenkalk)	Sudetische Phase
DEVON	Oberdevon			Bretonische Phase

Im *Unterkarbon* am Westrand der Rheinischen Masse noch Kohlenkalkfazies. Weiter östlich Ablagerungen in Kulmfazies. Dabei Fortdauer der Mannigfaltigkeit in der Ausbildung der Schichten infolge bedeutender Tiefenunterschiede. Wechsellagerung von Tonschiefern, Kieselschiefern, Kalken, Grauwacken und Sandsteinen (Kieselschiefer in schmalen, besonders rasch sinkenden Tiefseebereichen). Als Folge der Heraushebung der *Mitteldeutschen Schwelle* (zwischen Saar und Saale) kräftige Schüttung in die weiterhin stark sinkenden Randzonen. Lebhafter Vulkanismus liefert große Massen basischer Gesteine (Deckdiabase der Lahn- und Dillmulde). Am Ende des Unterkarbons Übergreifen der Gebirgsbildung auf den gesamten Raum *(Sudetische Phase)*.

Kellerwald

Grundgebirgsvorsprung im Osten des Rheinischen Schiefergebirges zwischen Frankenberger und Korbacher Bucht. Massiger horstartiger Block. Silurische Graptolithenschiefer, Grauwacken, Kieselschiefer.

Unterdevon lückenhaft. *Oberdevon* vorwiegend mit Kalken und Grauwacken. Überleitung zu unterkarbonischen Kulmgrauwacken und Kulmkieselschiefern. 200 m mächtiger *Kellerwaldquarzit* als Härtling für das Relief bedeutsam.

Das Ruhrkohlenrevier

Südlich der mittleren Ruhr zutage tretende Steinkohlenflöze seit dem 13. Jahrhundert in Abbau. Nach Norden rasch absinkend und unter jüngerem Deckgebirge verhüllt; Ausdehnung nach W bis ins niederrheinisch-holländische Grenzgebiet. Lagerung in mehreren weiten Mulden und Sätteln, durch Faltung stark gestört. Abbau durch Schichtverschiebungen, Sprünge, Verwerfungen und Überschiebungen (Wechsel) erschwert. Nach Norden Ausklingen der Faltung und rasche Abnahme der Störungen.

Im *Oberkarbon* Verlagerung der Saumtiefe nach Norden an den Rand des Faltungsgebietes. Einsetzen der zur Kohlebildung führenden ungleichmäßigen Senkungsvorgänge linksrheinisch bereits im Namur B bei zunehmender Verlandung. Demgegenüber im Ruhrrevier noch Meeresablagerungen mit Grauwacken und Pflanzenhäcksel. Materialschüttung vom benachbarten Festland her. Mehr als 1000 m Schichten noch ohne Flöze *(Flözleeres)*. Im Namur C Einsetzen der Flözbildung (s. S. 69), Fortdauer bis Westfal C.

Einteilung der Kohlen

Flammkohle Gasflammkohle	80% C	7500 kg/Kal	ca. 400 m Schichtfolge ca. 400 m Schichtfolge
Gaskohle	84% C	8000 kg/Kal	ca. 500 m Schichtfolge
Fettkohle	88% C	8500 kg/Kal	ca. 700 m Schichtfolge
Magerkohle	92% C	8700 kg/Kal	ca. 1000 m flözarme Schichten

Raum für Zusätze

Anzahl der Flöze etwa 100, durchschnittlich 1 m mächtig, nur selten darüber. Anteil der Kohle an der 3000 m umfassenden Schichtfolge ca. 3–4%. Zwischen den Flözen Konglomerate, Tonschiefer, Eisensteinhorizonte.

Reihenfolge der wichtigeren Mulden und Sättel von S nach N:

Herzkämper Mulde
Esborner Sattel
Wittener Mulde
Stockumer Sattel
Bochumer Mulde
Wattenscheider Sattel
Essener Mulde
Gelsenkirchener Sattel
Emscher-Mulde
Vestischer Sattel
Lippe-Mulde
Dorstener Sattel

Abbau im Bereich der Ruhrzone auf Anthrazit- und Magerkohle beschränkt. Nur wenige Zechen. Ältere Felder verlassen.

In der nördlich anschließenden Hellwegzone und den beiden Emscherzonen Förderung von Eß- und Fettkohle (vor allem für Kokserzeugung). In der Lippezone fördern moderne Großzechen aus größerer Tiefe (Förderung von Gaskohle und Gasflammkohle).

Isolierte Hochscholle im Hebungsgebiet der *Pyrmont-Piesberger Achse* bei Ibbenbüren und Osnabrück, durch jüngere tektonische Vorgänge aus der normalen Tiefe von ca. 2000 m an die Oberfläche gehoben, von Staffelbrüchen begrenzt (Flözbildung bis Westfal D).

Saarland

Im *Saarkohlenbecken* limnische Kohlebildung in großen Binnensenken im Anschluß an variszische Hauptfaltung. Beginn der Flözbildung im Westfal C, Ende im Stefan. Saarbrücker und Ottweiler Schichten (ca. 4000 m).

Saar-Nahe-Gebiet größtes zusammenhängendes Verbreitungsgebiet permokarbonischer Ablagerungs- und Ergußgesteine im Bereich der schon im Oberkarbon angelegten Binnenbecken; im Unterrotliegend von der Maas bis Unterharz (Richelsdorf-Ilfelder Becken) verlaufend. Bei Senkungstendenz seitlicher Ausbau unter Zusammenwachsen einzelner Teilsenken und Aufnahme großer Mengen von Abtragungsschutt der Gebirge.

Über *Ottweiler Schichten* des Stefan mächtige Serie von Süßwasserablagerungen mit Fischen, Amphibien und Pflanzen. Abklingende Kohlenbildung.

Fast 1000 m Sandsteine und Schiefer der *Kuseler Schichten* und der besonders fossilreichen *Lebacher Schichten*.

Allmählich zunehmender Vulkanismus. Fortschreitende Austrocknung: Rotfärbung der Ablagerungen Kennzeichen der *Tholeyer Schichten* (200 m). Höhepunkt der vulkanischen Ergüsse vor der *Saalischen Phase*. Fortdauer unter Abklingen bis ins Oberrotliegende.

Raum für Zusätze

Durch Härteunterschiede der Gesteine lebhaftes Landschaftsrelief (Quarzporphyr, Melaphyr, Ganggesteine, Ergußgesteine und Tuffe).

Fortdauer des festländischen Zustandes. 500 m *Kreuznacher* Schichten mit Fährten von Reptilien und Resten großer Insekten.

Ausbildung ausgedehnter Schwellen- und Beckenzonen im Raum vom Saarland bis Schlesien *(Saar-Selke-Trog, Spessart-Unterharz-Schwelle, Saale-Trog)*. Ablagerung großer Schuttmengen in den Binnenbecken. Gelegentlich noch Fortdauer der Kohlenbildung über Ende des Karbon hinaus.

Harz

Scharf gegen die Umgebung abgesetzter variszischer Rumpf. Steile Randstufen im Nordwesten mit allmählicher Abdachung nach Südosten. Der höchsten Stufe im Oberharz das Intrusionsmassiv des Brockens aufgesetzt. Alte Rumpffläche von Verwitterungsdecken überlagert.

Oberharz ist geschlossener Grauwackenkomplex mit Sandsteinen, Tonschiefern und Kalken. An zahlreichen Störungslinien Erzgänge (Blei, Zink, Schwerspat, Silber), Grundlage des alten Bergbaus (heute noch Abbau am Rammelsberg bei Goslar). Kristalline Massive des Brockengranits, des Harzburger Gabbrovorkommens und des Okergranits. Härtlingsrücken des Acker-Bruchberg-Quarzits im Oberharzer Bergland.

Kambrium im Harz fehlend. *Silur* mit graptolithenführenden Schiefern, Grauwacken und Quarzitbänken *(Harzgeröder-* und *Hasselfelder Schichten)*. Vorhandensein von weiterem Silur in stark metamorpher Form wahrscheinlich. Am Ende des Silur schwache Faltung als Ausläufer der kaledonischen Gebirgsbildung.

Oberharz im *Devon* in *Rheinischer Fazies*. Schiefer aus tieferem Wasser (*Goslarer Schiefer*, 500 m) mit kräftigen submarinen Ergüssen und gelegentlicher Bildung von Roteisenstein (vgl. Lahn-Dill-Gebiet, S. 84). In devonischen Kalken Karsterscheinungen und Höhlenbildung (Bad Grund, Rübeland u. a.).

Unterharz demgegenüber in küstennaher Flachwasserausbildung. Grauwacken, nur gelegentlich Schiefer aus tieferen Becken, sogenannte *herzynische Fazies*.

Langsame Verlagerung des Randtroges vom Unterharz zum Oberharz (seit *Oberdevon* mehr als 500 m Tanner Grauwacke; Quarzit der Acker-Bruchberg-Zone (200 m); mächtige *unterkarbonische* Kulmgrauwacke).

Oberkarbon fehlt wegen der weiteren Heraushebung des gesamten Bereiches durch die variszische Gebirgsbildung. *Unterrotliegendes* bei Ellrich und Ballenstedt, Porphyre und Melaphyre bei Ilfeld.

Raum für Zusätze

Fichtelgebirge und Fränkisch-Thüringisches Schiefergebirge

Teil der Mitteldeutschen Gebirgsschwelle zwischen Thüringer Becken im Norden und süddeutschen Beckenlandschaften im Süden.

Ältester Teil *Münchberger Gneismasse*, herausgehobene Grundgebirgsscholle mit wahrscheinlich präkambrischen Bestandteilen.

Fichtelgebirge sattelförmige Aufwölbung variszischer Falten mit kambrischem Kern. Im Zuge der Gebirgsbildung Eindringen von Granitmassen. Granitverwitterung führt zur Entstehung der Felsenburgen (Luisenburg bei Wunsiedel).

Thüringer Schiefergebirge in Fortsetzung der jüngeren Hochscholle des Kammrückengebirges des Thüringer Waldes. Scharfe Abgrenzung gegen mesozoische Schichten im Norden und Süden.

Präkambrische fossilleere Grauwacken und Schiefer im Thüringer Schiefergebirge (Schwarzburger Sattel). *Kambrium* in sandig-schiefriger Ausbildung im Frankenwald am Rande der *Münchberger Gneismasse.*

Im *Silur* Ablagerungen eines über ganz Mitteldeutschland verbreiteten sinkenden Meeresgebietes mit mächtigen Schieferfolgen. Darin eingelagerte Quarzite (im Thüringer Schiefergebirge und im Vogtland bis 2000 m).

Im unteren *Silur* (Griffelschiefer, Lederschiefer) mehrere abbauwürdige eisenerzführende Horizonte eingelagert; Eisengehalt bis 40%. Mächtigkeit wechselnd, bis 20 m.

Devon im Gegensatz zur Entwicklung im Westen geringmächtig. Flache Schwellen und Becken. Auf höheren Rücken Riffkalke, in tieferen Räumen Schieferlagen. Kalkreiche Schiefer (Tentaculitenschiefer) und Kalkknotenschiefer leiten über zur rein kalkigen Fazies Böhmens. Im *Frankenwald* und *Vogtland* oberdevonische Diabase, Schalsteine und Tuffe.

Unterkarbon als fossilarme Schiefer zwischen Sonneberg und Gera (Ziegenrücker Kulmmulde). Regelmäßiger Wechsel von Grauwacken und sandig-tonigen Schiefern. *Oberkarbon* fehlt.

Während der *Sudetischen Phase* der Gebirgsbildung Aufdringen von Tiefengesteinen (Granit von Ruhla, Brotterode, Suhl, von Kontaktzonen umgeben).

Rotliegend in Mulde zwischen Ruhlaer und Schwarzburger Sattel und um Eisenach. Beginn des Vulkanismus im Unterrotliegend. An der Basis die *Gehrener Schichten*, 500 m mächtige kohlenführende Sandsteine und Schiefertone, von Ergußgesteinen (Porphyr, Porphyrit, Tuff) durchsetzt. Darüber in ähnlicher Ausbildung *Manebacher Schichten* (150 m).

Goldlauterer Schichten (250 m), grobe Breccien und Sandsteine, zusammengeschwemmt aus Trockengebieten mit Einschaltungen porphyrischer Decken. Quarzporphyrhorizonte durch Tuffe und Trümmergesteine getrennt.

Oberhöfer Schichten (300 m) und *Tambacher Schichten* (200 m, Tambach, Eisenach) stark aufgearbeitetes Material (Wartburgkonglomerat, 100 m) mit eingelagerten Schieferhorizonten. Erlöschender Vulkanismus.

Raum für Zusätze

Im Gebiet um Halle große Massen von vulkanischen Ergüssen durch jüngere Bedeckung weitgehend verhüllt, in mehreren Lagen einander überdeckend und durchdringend (Landsberger Porphyr, Petersberger Porphyr); Flächenausdehnung 200—300 km².

Erzgebirge und Lausitz

Zwischen Vogtland und sächsisch-böhmischem Kreidesandsteingebirge variszisch gefaltete Pultscholle des Erzgebirges, nach Südosten scharf gegen den Egergraben abgesetzt.

Präkambrische Gneise und Glimmerschiefer mit Granitintrusionen, im Osten von Porphyrergüssen des *Rotliegenden* und *Kreidesandsteinen* überdeckt.

Im westlichen Sachsen *Silur* in Ausbildung ähnlich wie in Thüringen. In der Lausitz *kambrische* Grauwacken und Kalke. Im *Untersilur* Quarzite; Schüttung von einem nördlich gelegenen Festland. Darüber Kiesel- und Graptolithenschiefer *(Obersilur)*. Mit kaledonischer Faltung Aufstieg von Tiefengesteinen.

Produktives *Karbon* von Zwickau, Chemnitz, Ölsnitz. Ausbildung mächtiger limnischer Flöze in Binnensenken des variszischen Gebirges: *Mansfelder* und *Wettiner Schichten* (1200 m) im Stefan, *Zwickauer Schichten* (400 m) im Westfal.

Im nordwestlichen Sachsen im *Rotliegenden* mächtige Porphyrdecken. Im erzgebirgischen und Döhlener Becken Schiefer des Rotliegenden mit limnischer Fazies. Auch hier viel Konglomerate, Tuffe und Sandsteine. Im Döhlener Becken noch ein abbauwürdiges Kohlenflöz.

Erzvorkommen im Bereich des Erzgebirges (Zinn, Wolfram, Nickel, Uran, Silber) seit alters und bis heute ausgebeutet.

Sudeten und Oberschlesien

Uneinheitlich ausgebildeter, durch große Längsbrüche gegen Böhmen und das Schlesische Hügelland deutlich abgesetzter Gebirgszug.

Im Eulen- und Glatzer Gebirge *präkambrische* Gneise. Im Bober-Katzbach-Gebirge, im Riesengebirge und in den Ostsudeten Quarzite und kristalline Schiefer. Ältester Fossilhorizont in kambrischen Kalksteinschichten.

Festland im Bereich der Westsudeten und ein nördliches Hochgebiet liefern nach der kaledonischen Faltung Material für Konglomerate und Quarzite des Bober-Katzbach-Gebirges. Darüber Sandsteine, Kieselschiefer und Diabase.

Im *Oberdevon* Überflutung der Westsudeten. Mächtige Ablagerungen im Altvatergebirge: Quarzite, Kalkstein, Diabas, Schalstein und Roteisensteinhorizonte.

Bei fortdauernder Senkung während des *Unterkarbon* in den Ostsudeten über 3000 m Dachschiefer und Grauwacken, in den Westsudeten nur geringmächtige Konglomerate, Kalke und Grauwacken, teilweise in limnischer Fazies. Gewaltige Granitintrusion im Innern des Iser- und Riesengebirges, mit Ausläufern nach Norden.

Im innersudetischen Becken oberkarbonische Steinkohlenflöze limnischer Ausbildung: Niederschlesisches oder Waldenburger Steinkohlenbecken, *Waldenburger Schichten* (Namur) und, nach längerer Unterbrechung, *Schatzlarer Schichten* (1500 m mit eingelagerten Flözen) im Westfal und Stefan. Stark gestörte Lagerung der Flöze.

In Oberschlesien über mächtigen Grauwacken und Schiefern des Unterkarbon erste Kohlenflöze bereits im Namur A. *Ostrauer Schichten* mit über 100 Flözen. Rasch sinkender Raum mit mehrfachen Meereseinbrüchen (2000–3000 m mächtig). Weitere, mehr als 3000 m mächtige Ablagerungen in einem nicht mehr vom Meer erreichten Binnenbecken. Flözbildung (bis 20 m) in der Sattel- und Muldengruppe vom Namur C bis Ende Westfal. Riesige Kohlenvorräte in verhältnismäßig wenig gestörter Lagerung. Zwischen den Flözen Konglomerate, Sandsteine und Schieferfolgen.

Das Zechsteinbecken (nach Brinkmann, Schmidt u.a.)

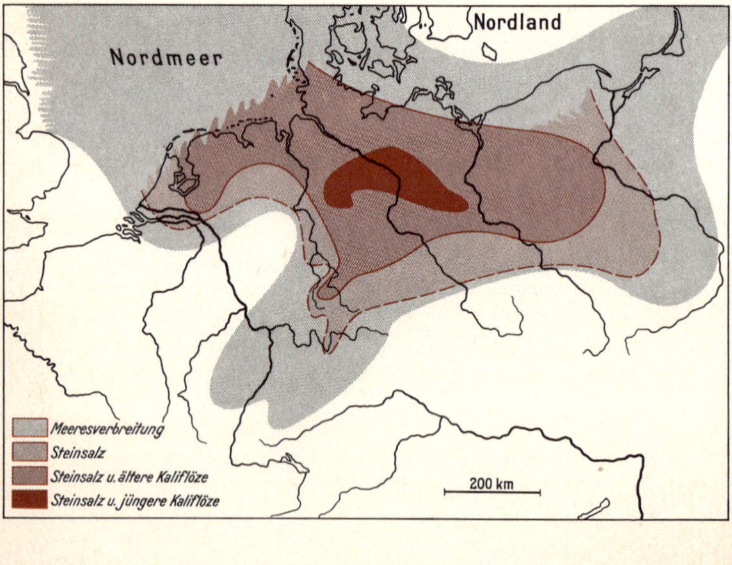

In mehreren Becken Schuttablagerung der höheren Randgebiete (West- und Ostsudeten). Im innersudetischen Becken mehr als 1500 m *Rotliegend* mit verbreiteten Porphyren und ihren Tuffen. Konglomerate, Sandsteine und Schiefer.

Raum für Zusätze

Abklingen der Eruptivtätigkeit nach der *Saalischen Phase*. Nur geringmächtige Ablagerungen *(Schömberger Schichten)*.

Die Deckgebirgslandschaften Mitteldeutschlands

An Wende von Rotliegend zu Zechstein einschneidende Umstellung des tektonischen Gefüges. Durchgreifen neuer tektonischer Richtungen: *Herzynische* Richtung (WNW–OSO), *rheinische* Richtung (NNO–SSW) und eine ost-westliche Richtung in Norddeutschland. Herausbildung des *Germanischen Beckens* aus einer baltischen (ost–westlichen) und einer rheinischen (nord–südlichen) Senkungszone.

Meeresvorstoß aus Nordseeraum nach Nord- und Nordostdeutschland mit südlichem Ausläufer nach Hessen und Thüringen.

Das Zechsteinbecken

Ältere Schichten des Deckgebirges in Mitteldeutschland teils abgetragen, teils unter jüngeren Ablagerungen erhalten, durch Bohrungen auf Steinsalz, Kalisalze, Sole, Erdgas in Verbreitung und Ausbildung meist gut bekannt. Erstes Glied des Zechsteins über älterem Grundgebirge mehrere Meter mächtig, Transgressionskonglomerate aus Schuttmassen des Rotliegenden (Zechsteinkonglomerat bei Saalfeld, Marsberg u. a.). Darüber *Kupferschiefer*. Sediment eines schlecht durchlüfteten Meeres in küstennahen Randbuchten. Meist schwacher Kupfergehalt (Reste vulkanischer Tätigkeit, Aufarbeitung älterer Erze). Neben Kupfer auch Blei, Silber, Zink u. a.

Metallreiche Horizonte bei Mansfeld (2,2% Kupfer), Richelsdorf (Hessen), Sangershausen, Löwenberg (Schlesien); fossilreich, besonders Fische.

Küstenbereich des von Norden eindringenden Meeres deutlich gekennzeichnet durch Auftreten von Korallenriffen, ausgebildet meist im Flachwasser auf älteren Schwellen des Rotliegenden: Zechsteinkalk (Höhlenbildung und Karsterscheinungen). Harte Lagen (Bryozoenriffe) häufig als Tafelberge (Thüringen) herausgearbeitet.

Ostrand des Rheinischen Schiefergebirges von jetzt ab als Rand der alten *Rheinischen Masse* gut ausgeprägt. Über Zechsteinkonglomerat hier Wechselfolge von geringmächtigen Kupferletten, Stinkkalken (Bitumengehalt), Riffkalken, Dolomiten und Sandsteinen.

Werrabecken: Nach Abschnürung des Zechsteinbeckens vom Meer im Gebiet der mittleren Werra erste Ausbildung einer mächtigen Salzfolge (s. S. 71), 250 m mächtig, mit 2 Kaliflözen.

Raum für Zusätze

Nach nördlicher Verlagerung des Beckentiefsten im Werrabereich nur noch geringmächtige Ablagerung von Plattenkalken (20 m), mehreren Lagen bunter Letten mit Gips sowie etwas Steinsalz und Anhydrit (60 m). Lage des Beckentiefsten im Schnittpunkt der neuen rheinischen Richtung mit dem Verlauf des älteren Saar-Selke-Troges (s. S. 87).

Auch im *Thüringer Becken* Steinsalzflöze des mittleren und oberen Zechsteins; kein Kaliflöz. Kochsalz- und Solequellen im Bereich von Unstrut und Werra, Erdgasvorkommen bei Mühlhausen und Langensalza.

Niedersächsisches Becken. Kleine Zechsteinlagen bei Osnabrück, am nördlichen Harzrand und am Flechtinger Höhenzug (nordöstlich Magdeburg). Unter jüngerem Deckgebirge mächtige Salzlager.

Nach Verlagerung des Beckentiefsten in das nördliche Harzvorland im Oberen Zechstein Entstehung der *Staßfurtserie* und der *niedersächsischen Serien*. Gesamtmächtigkeit der Salzfolge über 500 m. Zuletzt Beckentiefstes im Raum von Hannover-Lüneburg. Kaliflöze *Ronnenberg* und *Riedel*, Mächtigkeit dieser Serie annähernd 200 m. Mit jüngstem Steinsalz (50 m) Ausklingen der Zechsteinsalzfolge mit Salzton, Schlamm und Letten.

Die mitteldeutsche Triaslandschaft: Hessisches Bergland, Weserbergland, Thüringer Becken

Zwischen alten Kernen von Rheinischer Masse und Harz bzw. Thüringer Wald im Bereich des Germanischen Beckens verbreitet wenig gefaltete Folgen von Sedimentgesteinen. Herausarbeitung von Schichtstufen auf Grund des Wechsels der Gesteinshärten (wie in Süddeutschland).

Zechsteinmeer abgelöst durch überwiegend festländische *Buntsandsteinfolge:* Durch rötliche bis violette Farbtöne kenntliche kontinentalwüstenhafte Ablagerungen mit gelegentlich eingeschalteten Sediment-

Profil durch den Leuchtenburggraben bei Kahla/Saale: Bruchschollentektonik im Thüringer Becken. Zugleich Beispiel für Reliefumkehr: Aus einer morphologischen und geologischen Mulde wurde ein morphologischer Sattel

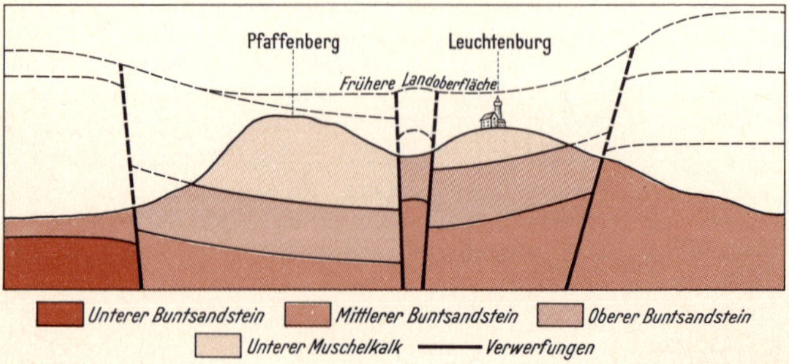

lagen aus Einbrüchen eines Flachmeeres. Häufige Umschichtung des Verwitterungsschuttes infolge periodischer Niederschläge und kräftiger Winde. Auftreten aller auch heute aus Halbwüsten und Wüsten bekannten Bildungen (Dünen, Kreuzschichtung, Windrippeln, Schuttfächer periodischer Flüsse, Windschliff, Trockenrisse, Salzausscheidungen). Selten Fossilien; gelegentlich Reptilfährten.

Übergang der oberen *Zechsteinletten* in *Bröckelschiefer*. Darüber roter, auch grünlicher, meist feinkörniger, dünnplattiger *Sandstein*, 200 m mächtig, auf der Linie größter Mächtigkeit – im Senkungsbereich von Niedersachsen zum Oberrhein – auch erheblich umfangreicher.

Bei gelegentlicher Flachwasserbedeckung oolithischer Sandstein *(Rogenstein)*. Darüber weitere 200 m gröbere bis konglomeratische festere Sandsteine mit darin enthaltener *Bausandsteinzone* (50 m), an der mittleren Weser als Haus- und Dachplatten verwendet (Weserplatten).

Im Beckeninnern bei Fortdauer des Trockenklimas Eindampfung, dabei Salzausscheidung; Gipsvorkommen.

Gliederung der Germanischen Trias in Mitteldeutschland

JURA	Lias		
TRIAS	Keuper	Oberer Keuper	Rhät
		Mittlerer Keuper (Gipskeuper)	Steinmergelkeuper Rote Wand (Obere bunte Mergel) Schilfsandstein Roter Keuper (Untere bunte Mergel)
		Unterer Keuper (Kohlenkeuper)	Obere Letten mit Dolomit Hauptlettenkohlensandstein Untere Letten mit Dolomit
	Muschelkalk	Oberer Muschelkalk	Tonplattenschichten mit Ceratiten Trochitenkalk
		Mittlerer Muschelkalk	Dolomite, Mergel, Gips und Salz
		Unterer Muschelkalk	Plattige, gelbe Kalke mit Schaumkalk-, Oolith- und Terebratelzonen
	Buntsandstein	Oberer Buntsandstein	Röt (Mergel, Letten, plattige Sandsteine)
		Mittlerer Buntsandstein	Bausandstein, Sollingplatten, dünnplattige Sandsteine
		Unterer Buntsandstein	Feinkörnige dünnplattige Sandsteine
PERM	Zechstein		

Raum für Zusätze

Oberer Teil der Buntsandsteinserie 100 m sattrote tonige Schichten: *Röt*. Im Landschaftsbild an der Farbe der Äcker deutlich zu erkennen.

Mit Ende des Buntsandstein erneutes Vordringen des Meeres. Öffnung des *Germanischen Beckens* zur alpinen Geosynklinale *(Tethys)*. Daher in Oberschlesien im Röt marine Ablagerungen (Dolomite und Kalke).

Muschelkalk: Im Thüringer Becken, Harzvorland, nördlichen Weserbergland und Rhön Serie von hellen, kalkreichen, im Landschaftsbild zumeist deutlich hervortretenden Ablagerungen. Folge der Überflutung des Germanischen Beckens von Süden her. Weit verbreitete, verhältnismäßig geringmächtige Wechsellagerung von Kalken und Mergeln eines reich belebten, meist flachen Meeres. Überreste organischen Lebens erfüllen ganze Schichtfolgen. Artenarme, aber individuenreiche Fauna (besonders Brachiopoden).

Unterer Muschelkalk (Wellenkalk, 100 m): dünnplattiger, gelbgrauer Kalkstein und knolliger Kalkmergel mit deutlichen Wellenrippeln. Stark klüftig und wasserdurchlässig, neigt zur Verkarstung, zu Bergstürzen und Steilhangbildung. Eingelagert charakteristische härtere Bänke (Oolith-, Terebratel-, Schaumkalkbank) verursachen im Verein mit Klüftigkeit des Wellenkalks Schichtstufenbildung.

Kurzzeitiges Zurückweichen des Meeres führt im *Mittleren Muschelkalk* zur Bildung dolomitischer Mergel mit Eindampfungserscheinungen. Gips- und Salzvorkommen von wechselnder Mächtigkeit (z. B. bei Erfurt).

Im *Oberen Muschelkalk* erneut Meeresvorstoß von Süden über die *Burgundische Pforte:* Trochitenkalk bildet harte, deutliche Schichtstufe, 12 m fast ganz aus Stielgliedern von Seelilien (Trochiten, Bonifatiuspfennige). Darüber Tonplattenschichten (40 m) mit kennzeichnenden Ammoniten (Ceratites nodosus u. a.).

Gegen Ende der Muschelkalkzeit Meeresregression. Zunehmend sandige Ausbildung in den Randgebieten.

In Oberschlesien verbreitet mächtige Kalke und Dolomite. Flachmeer von der *Mährischen Pforte* vordringend. Dolomite Oberschlesiens später durch Blei-Zink-Verbindungen vererzt.

Keuperlandschaft. Nach Meeresregression meist festländische oder limnische Ablagerungen. Im Thüringer Becken, im Lipper Land, an der mittleren Weser und im Leinetal sowie in Oberschlesien verbreitet *bunte Letten* mit *Kohlenspuren* und vereinzelten Muschelbänkchen (Kohlenkeuper). Darüberlagernde *dolomitische bunte Mergel* mit *Gipsvorkommen* (Steinmergel, Gipskeuper) weisen auf arides Klima mit starker Eindampfung. Größte Mächtigkeit im Weserbergland (Hameln).

Im *Oberen Keuper* (Rhät) erneutes Vordringen des Meeres von Norden. Feste, helle, teilweise quarzitische Sandsteine. Darin eingelagerte *Bonebed*-Schichten: zusammengeschwemmte Lagen von Knochenresten, Zähnchen und Muschelschill.

Erste tektonische Bewegungen seit der variszischen Ära leiten *alpidische Gebirgsbildung* ein *(Altkimmerische Phase)*.

Stufenlandschaften des Jura und der Kreide

Nördliches Weserbergland und Harzvorland. Größter Teil der Juraablagerungen des *Niedersächsischen Beckens* unter jüngeren Ablagerungen verhüllt. Vollständige Schichtfolgen an den Rändern, im Wiehen- und Wesergebirge (Porta Westfalica), in Deister, Ith und Hils, in der Herforder Liasmulde und im Harzvorland. Ausgeprägte Schichtstufenlandschaften.

Gliederung des Jura in Mittel- und Norddeutschland

KREIDE	Unterkreide		Gebirgsbildungsphase der alpidischen Ära	
JURA	Malm (Oberer [weißer] Jura)	Purbeckkalk Serpulit Münder Mergel Eimbeckhäuser Plattenkalk Gigasschichten Oberer Kimmeridge Mittlerer Kimmeridge Unterer Kimmeridge Korallenoolith Heersumer Schichten	Osterwaldphase Deisterphase	Jungkimmerische Phase
	Dogger (Mittlerer [brauner] Jura)	Ornatenton Macrocephalenschichten Cornbrash Parkinsoniton Subfurcatenton Coronatenton Polyplocusschichten Opalinuston		
	Lias (Unterer [schwarzer] Jura)	Dörntener Schiefer Posidonienschiefer Amaltheenton Markoldendorfer Erzhorizont Capricornumergel Raricostatenton Arietenton und Sandstein Harzburger Erzhorizont Angulatenton Psilonotenton		
TRIAS	Rhät(keuper)		Altkimmerische Phase	

Raum für Zusätze

Fortdauer der Meeresbedeckung aus dem Rhät. Flachmeer, reich belebt. *Ardennisch-rheinische Insel* im Westen, *Böhmische Masse* im Osten. Anfängliche Verbindung zum Südmeer durch *Hessische Senke* später durch Zusammenschluß der Festländer abgeriegelt.

Im *unteren (schwarzen) Jura* (Lias) verbreitet dunkle Tone, Oolithe und Mergel. Einteilung nach kennzeichnenden, meist gut erhaltenen Ammoniten (vgl. Tab. S. 95). In schlechter durchlüfteten Meeresbuchten Ablagerung bituminöser Schiefer (Posidonienschiefer, Dörntener Schiefer). In Küstennähe Horizonte mit oolithischen Eisenerzen. Gesamtmächtigkeit 300–500 m.

Im *mittleren (braunen) Jura* (Dogger) abwechselnd Rückzug und Vordringen des Meeres unter Veränderung des Küstensaumes im Osten *(Magdeburger Ufer)* und durch Auftauchen des Festlandes Cimbria *(Osnabrücker Straße)* im Westen. Gliederung ebenfalls durch rasch wechselnde Ammonitenformen (vgl. Tabelle S. 95). Neben Tonen und Mergeln häufiger harte, Schichtstufen bildende Gesteine (Portasandstein).

Im *oberen (weißen) Jura* (Malm) zunächst harte, kieselige Sandsteine mit eingelagerten Schwammriffen (Heersumer Schichten). Darüber Korallenoolith mit widerstandsfähigen Bänken (Wiehengebirgsquarzit). In Küstennähe erneut Bildung von oolithischen Eisenerzflözen (Wesergebirge, Porta Westfalica, Braunschweig).

Nach Ablagerung heller Kalke und Mergel im Kimmeridge allgemeiner Meeresrückzug. Trennung von Süddeutschland, Verlandung. Bildung weiter Beckenlandschaften mit festländisch-brackischen Schichten: *Münder Mergel* (Deister) und *Eimbeckhäuser Plattenkalk*. Serpulitkalk ist Ergebnis kurzzeitigen, begrenzten Meeresvorstoßes als Folge der jungkimmerischen Gebirgsbildung.

Mit Ende des Jura weithin Vorbildung des heutigen Reliefs. Abzeichnung der Ränder der alten Kerne der *Rheinischen Masse* und des *Harzes*. Verschwinden des Cimbrischen Landes durch Meereseinbruch im Bereich der heutigen Nordsee. Im Bereich der mächtig aufgehäuften Ablagerungen Nordwestdeutschlands *(Zechstein – Jura)* Beginn der Zerlegung in *Bruchschollen* mit rheinisch und herzynisch verlaufenden Grabenzonen und Hebungsachsen. Bildung des *Mitteldeutschen Festlandes* zwischen Nord- und Süddeutschland.

Im Emsland, im nördlichen Weserbergland (Hannover) und im Harzvorland in einem Binnenbecken (zwischen *Pompeckjscher Schwelle* im Osten und Mitteldeutschem Festland im Süden) limnisch-brackische Ablagerungen der *Wealdenstufe* (unterste Kreide). Vereinzelt darin Bildung von Kohlenflözen (Deister) und in küstennahem Gebiet von Sumpfwäldern.

Zunehmende Überflutung der Beckenränder in der *Unterkreide*. Schrittweise Vorverlegung des Küstensaumes unter Aufarbeitung der im Jura gebildeten oolithischen Eisenerze. Dadurch im Harzvorland mehrfach erneute Bildung sedimentärer Eisenerzlagerstätten von wechselnder, bis zu 100 m Mächtigkeit (Erze von Salzgitter).

Gliederung der Kreide

TERTIÄR	Alttertiär		Paläozän		Phasen der alpidischen Ära
KREIDE	Oberkreide	Dan			Laramische Phase
		Campan	Obersenon	Mucronatenschichten Quadratenschichten	
		Santon	Untersenon Oberemscher	Granulatenschichten Ilseder Erz	Wernigeröder Phase Ilseder Phase
		Coniac	Unteremscher	Graue Mergel	
		Turon	Oberturon Mittelturon Unterturon	Pläner, Soester Grünsand Pläner, Bochumer Grünsand Rotpläner und Mergel	
		Cenoman		Pläner, Mergel Essener Grünsand	
	Unterkreide	Alb (Gault)	Oberes Alb Mittleres Alb Unteres Alb	Flammenmergel Minimuston Hilssandstein	Austrische Phase
		Neokom	Oberes Apt Unteres Apt Barrème Hauterive	Osningsandstein	Hilsphase
		Wealden	Valendis	Fuhseschichten	
JURA	Malm				

Raum für Zusätze

Ausgehend von einem schmalen Meeresstreifen im Raum Bentheim - Osnabrück – Hannover, Ausdehnung des Meeres zum Harz, nach Südhannover und gegen die höheren Randgebiete der älteren Massen. In Küstennähe Entstehung von gröberen sandigen Ablagerungen, stufenbildend *(Bentheimer Sandstein*, 100 m; *Gildehäuser Sandstein,* 100 m; *Hilskonglomerat*, *Hilssandstein)*.

Im Beckeninneren dunkle Tone und sandig-mergelige Ablagerungen (*Neokomschiefertone*, 800 m; *Flammenmergel*, 50 m).

Westfälische Kreidemulde. Übergreifen der Transgression mit Beginn der *Oberkreide (Cenomanstufe)* nach Süden auf teilweise schon lange freigelegtes Grundgebirge. Einsetzen jeweils mit grobem Konglomerat und mit Sandschüttung (Kassenberg bei Mühlheim, *Essener Grünsand*, *Bochumer Grünsand*, *Soester Grünsand,* 10–20 m). Grünfärbung durch hohen Glaukonitgehalt.

Im sinkenden Beckenraum über 1500 m mächtige Folge von hellen Kalken, Kalksandsteinen und Mergeln unter ständiger Veränderung des Küstensaumes. Fazies: teils helle, feste *Plänerkalke* (Kalkzug des Teutoburger Waldes) oder feinere, graue Mergel (bis 500 m mächtige *Emscher Mergel* im Untergrund der Westfälischen Bucht).

Vorübergehende Einengung der Mulde unter Verlagerung des Beckeninneren gegen Raum des Vorharzes. An den Rändern verbreitet Sandschüttungen: In Westfalen *Recklinghäuser Sandmergel* und helle bis weiße *Halterner Sande*, bei Münster *Kalksandstein* (Baumberger Sandstein), im Harzvorland *Quadersandsteine*. Auch im Aachener Raum Übergreifen sandiger Kreideschüttungen von Westen aus dem *Brüsseler Becken*.

Weitere Trümmererzlagerstätten bei Küstenverlagerung nach Norden: sedimentäre Trümmererze von Ilsede bei Hannover und Damme (bei Diepholz).

Sächsisch-böhmisches Kreidesandsteingebirge. Übergreifen der *Oberkreidetransgression* auf die Ränder der Böhmischen Masse. Auch hier im küstennahen Gebiet überwiegend Sandschüttung. Über Konglomeraten und kreuzgeschichteten Sandsteinen Klippenkalk und grobbankige, stark geklüftete Quadersandsteinlagen, im Elbsandsteingebirge 600 m mächtig (ebenfalls im Heuscheuer). Küstennahe Fazies mit einzelnen Buchten und Inseln. Auch in nördlichen Sudeten Quadersandsteine über Konglomerat.

Gegen Ende der Kreidezeit Meeresrückzug aus Mittel- und Norddeutschland; Folge der *subherzynen Gebirgsbildung*. Aufstieg der alten Masse des Harzes unter Mitschleppung und steiler Aufrichtung der randlich auflagernden jüngeren Schichten (Goslar, Halberstadt, Teufelsmauer bei Quedlinburg).

Fortdauer der Zerlegung in Bruchschollen. An Schwächelinien Aufdringen von Zechsteinsalz. Entstehung zahlreicher *Salzlinien* und *Salzstöcke*. Ausarbeitung der Umrisse des Mittelgebirges.

Tertiäre Becken- und Grabenlandschaften

Heutiger *Nordseeraum* im Tertiär Senkungsgebiet. Von dort her großflächige Meeresvorstöße in die Mündungsbereiche von Rhein und Elbe. Zeitweilige Ausdehnung nach Osten über Dänemark, Holstein, Mecklenburg bis Pommern, Schlesien und zentrales Polen. Ablagerungen meist unter eiszeitlichem Schutt verdeckt.

Alte *Gebirgskerne* (Böhmen, Thüringer Wald, Harz, Rheinisches Schiefergebirge) steigen langsam weiter auf, werden abgetragen und eingeebnet, bei weiterer Hebung erneut zerschnitten. Entstehung mehrerer treppenartiger Rumpfflächen. In ihrer Umgebung sinkende Beckenräume.

Meeresregression; Verlandung führt bei starker Materiallieferung aus den höher gelegenen Gebieten zu rascher Versumpfung mit Bildung mehrerer mächtiger *Braunkohlenflöze*, zwischen Ton- und Kiesschichten einige bis 30 m mächtig. Warmes Klima mit subtropischer Vegetation.

Mitteldeutschland weitgehend Festland. Während der *Oligozänstufe* kurzfristige Öffnung einer Meeresstraße durch Hessische Senke über Wetterau, Rhein-Rhône-Furche zum Mittelmeer. In flachem Wasser fossilreiche Ablagerungen, nur an wenigen Stellen erhalten (Doberg bei Bünde, *Kasseler Meeressand*).

Mitteldeutsche Braunkohle im Raum von Halle-Zeitz-Leipzig (berühmte Fundstelle von Wirbeltierfauna der Braunkohlenwälder im Geiseltal bei Halle).

Auch am *Niederrhein* (Ville) Braunkohlenbildung. Mehrere Flöze durch Staffelbrüche in verschiedene Tiefen versenkt. Bei Aachen Braunkohlenbildung auch über Steinkohlenflözen des Karbon.

In verlandenden Restbecken des Jungtertiärs zwischen Elbe, Weichsel und Lausitz (Niederschlesien, Sachsen, Nordböhmen) Ausbildung bedeutender Braunkohlenflöze. Wechsellagerung mit Ton und Sand: bis zu 4 über 30 m mächtige Flöze (Senftenberg, Brüx).

Auch in der *Hessischen Senke* Ablagerung limnischer Schichtfolgen: hessische Braunkohle (Borken bei Kassel, Hoher Meißner); stellenweise von Basaltlaven überdeckt.

In der *Wetterau* braunkohlenführende Sande und Tone. Zum Ende des Tertiär auch Norddeutschland landfest. Nur auf Sylt noch marine Glimmersande.

Junge Vulkanlandschaften Mitteldeutschlands

Als Folge der tertiären Gebirgsbildung im Alpenraum und der Grabenbrüche starker Vulkanismus. Förderung von Trachyt und Phonolit im Siebengebirge, Basalt in Westerwald und Hessischer Senke (Vogelsberg, Rhön, Meißner, Hessisches Bergland). Fortdauer bis ins Quartär (Vulkane der Eifel). Verbreitet Aschenlagen, Tuffschichten, Bims im Neuwieder Becken (Rohstoff für Hohlblocksteine). Nachwirkungen des Vulkanismus in Thermal- und Kohlensäurequellen. An Bruchlinien der Gräben Fortdauer der Bewegungen (Erdstöße) bis in die Gegenwart.

Süddeutschland (ohne Alpen)

Auch für Süddeutschland und angrenzende Gebiete zwei durch eine Diskordanz I. Ordnung getrennte Stockwerke des Gesteinsaufbaus charakteristisch:

Grundgebirge (auch „Kristallin" genannt) = Rumpf der zentralen Zone (Moldanubikum) des im Karbon gefalteten, bald wieder abgetragenen *Variszischen Gebirges.*

Darüber mächtige *Schichtgesteinsserie* (Deckgebirge), vor allem Mesozoikum, z.T. auch noch jüngstes Paläozoikum: Produkt wechselnd terrestrischer und mariner Ablagerung im *Germanischen Becken*, welches im heutigen Mitteleuropa auf ehemaligem variszischen Gebirgsboden durch Senkung entstand und mehrfach vertieft wurde (zweimaliges Eindringen des Meeres, in Muschelkalk und Jura, s. S. 71/72 u. 104). Das durch Abtragung immer mehr eingeengte Restgebiet dieses Gebirges (*Vindelizisches Festland* bzw. *Vindelizische Schwelle*) trennte bis in den Dogger *Germanisches Becken* und *Tethys* (Südmeer).

Süddeutsches Grundgebirge. Höhere Mittelgebirge

Obergrenze des Grundgebirges in sehr verschiedenem Niveau: Feldberg im Schwarzwald 1500 m ü. NN., bei Stuttgart bereits unter NN., nach Osten noch tiefer. Wechsel der Höhenlage Folge tektonischer Vorgänge nach der variszischen Orogenese (ungleiche epirogenetische Bewegungen, Zerbrechung in Horste, Verschiebung der Horste an variszischen und herzynischen Verwerfungen, besonders im Tertiär). Grundgebirgsoberfläche entspricht *spätpaläozoischer Abtragungsfläche*, in oberrheinischen Randgebirgen, besonders Schwarzwald, Odenwald, Vogesen und Spessart, z.T. entblößt. Sonst Grundgebirge unter mesozoischem Schichtgestein vielfach nachgewiesen (Bohrungen, geophysikalische Messungen, Schlotfüllungen tertiärer Vulkane). Gewaltige Entblößung des Grundgebirges in böhmisch-mährischen Randgebirgen und französischem Zentralplateau, wo der WSW - ONO streichende *Bogen des variszischen Rumpfes* mit dem von Südengland und der Bretagne kommenden Bogen des OSO - WNW streichenden gleichaltrigen *armorikanischen Gebirgsrumpfes* zusammentritt.

Hauptgesteine des Grundgebirges

Gneise und verwandte Gesteine: Paragneise (*Renchgneise*, nach einem Flüßchen im Schwarzwald benannt), Orthogneise (*Schapbachgneise*, nach einem Flüßchen ebendort); außerdem gelegentlich Mischgneise (vergneiste Mischbereiche zwischen alten Sediment- und Glutflußgesteinen).

Granite und *Syenite*, dazu entsprechende Ganggesteine (Aplite, Granitporphyre u. a.).

Raum für Zusätze

Gneisgrundgebirge Hinterlassenschaft der (unsicheren) vorvariszischen Entwicklung des Raumes: Paragneise Ergebnis der bei älterer Gebirgsbildung bereits erfolgten Metamorphose präkambrischer Sedimentgesteine; Orthogneise Ergebnis gleichzeitiger Metamorphose ebenfalls präkambrischer, aber etwas jüngerer Glutflußintrusionen in die präkambrischen Sedimentgesteine.

Granitgrundgebirge: Produkt umfangreicher Glutflußintrusionen in den Gneiskern des Variszischen Gebirges im Karbon. Granitgrundgebirge im wesentlichen nicht metamorph.

Gemeinsam dem Grundgebirge in Süddeutschland, daß alt- und mittelpaläozoische Gesteine, die von der variszischen Gebirgsbildung mit erfaßt wurden, heute fast ganz fehlen. Grund: tiefgreifende Abtragung des variszischen Innengebietes; hierin Unterschied zum mittel- und norddeutschen Variszikum (vom Saar-Nahe-Gebiet nach N und NO).

Grundgebirge auch in der Tiefe des Molassebeckens durch Erdölbohrungen nachgewiesen; liegt hier besonders tief (2500 m und tiefer). Südliche Fortsetzung die autochthonen (bei Bildung der Alpen an Ort und Stelle gebliebenen), von der Alpenfaltung nur überwallten und gestauchten Massive der Zentralalpen (z. B. Gotthard- und Aare-Massiv).

Schema des Anordnungsverhältnisses von Renchgneis, Schapbachgneis, Granit, Ganggranit und Porphyr im mittleren Schwarzwald

Rench-(Para-)gneis und Schapbach-(Ortho-)gneis präkambrisch; Granit und Ganggranit aus der Ära der variszischen Gebirgsbildung, karbonisch

Rotliegendes: aus der Zeit der Abtragung des Variszischen Gebirges. Porphyre als Ergußgesteine in die ältesten Sedimente der Grundgebirgsmulden eingefügt

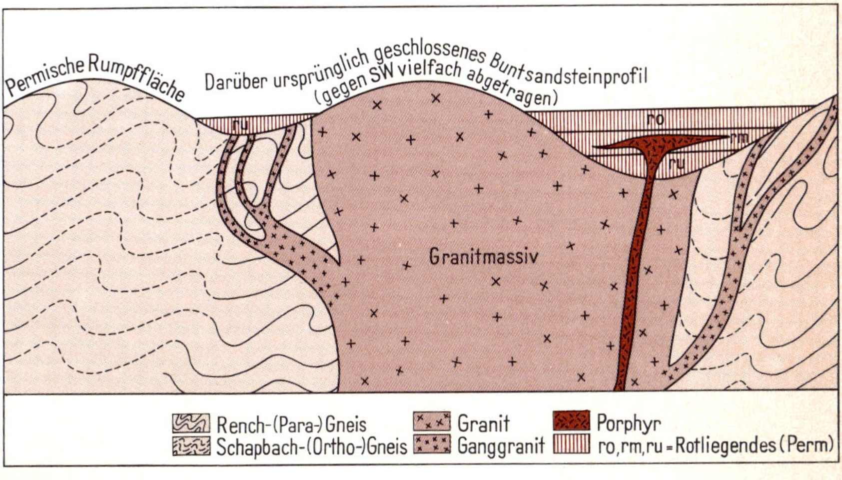

Süddeutsches Deckgebirge. Schwäbisch-fränkisches Stufenland

Nachvariszische Gesteinsserie beginnt als festländische Einlagerung in Längsmulden des Variszikums mit *jüngstkarbonischen* (sehr begrenzt) und *permischen* (etwas ausgedehnter, aber noch nicht geschlossen) Ablagerungsgesteinen: Wechselvolle, oft grobe Produkte der Abtragung der Kämme des Variszischen Gebirges; Decken vulkanischen Gesteins eingefügt (im Mittel-Rotliegenden Quarzporphyre). Im *Buntsandstein* flächige Überdeckung auch des südlichen Randgebietes des Germanischen Beckens, besonders durch fossilarme sandige, gegen die Ränder konglomeratische Wüstenablagerungen (rotes Gestein). Mit Beginn des *Muschelkalks* fossilreiche Mergel, Dolomite, Kalke, untergeordnet auch Gips und Steinsalz (mittlerer Muschelkalk) als Ablagerungen eines warmen Binnenmeeres. Im *Keuper* festländische, aber z. T. aquatische, in heißem Klima gebildete, meist fossilarme Ablagerungsserie, besonders Tonmergel (z. T. mit Gips) und Sandsteine, mit raschem Wechsel von Fazies und Mächtigkeit. Mit Beginn des Jura Ablagerung fossilreicher Mergel, Tone, besonders Kalke, und auch Dolomite eines flachen Binnenmeeres.

Profil der nachvariszischen Schichtgesteinsserie in Süddeutschland bestimmt: 1. durch Lageverhältnis zu Beckenrändern (im Süden Vindelizische Schwelle mit Fortsetzung nach ONO als Böhmische Masse, im Westen Gallische und Ardennen-Masse), 2. durch zeitweilige Verbindung mit Weltmeer (Burgundische und Schlesische Pforte). Durch verschiedengradige und verschieden gerichtete Schiefstellung des Schichtpakets und Wechsel der Gesteinshärten entsteht seit der Kreidezeit durch die von Nordwesten einsetzende Abtragung ausgeprägte *Schichtstufenlandschaft*. Enge Raffung der Stufen und Gesteinsareale im Südwesten, fächerartige Verbreiterung nach Nordosten. Lagerungsstörungen meist mit Beziehungen zum Bau des variszischen Gebirgsrumpfes: Schichtpaket mehr oder weniger intensiv zerbrochen und verworfen (variszische und herzynische Linien) und großräumig in Mulden, Schwellen und Gräben gegliedert (germanotype Tektonik). Baulinienführung des Untergrundes besonders in Verlauf der Gewässer und im Relief deutlich (Lauf der oberen Donau, des mittleren Neckar, des Albrandes u. v. a.).

Geländestufen im Albvorland
(widerstandsfähige Gesteinsschichten dunkel)

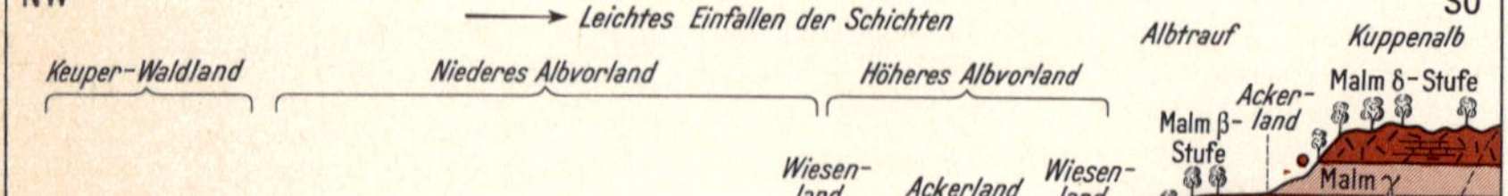

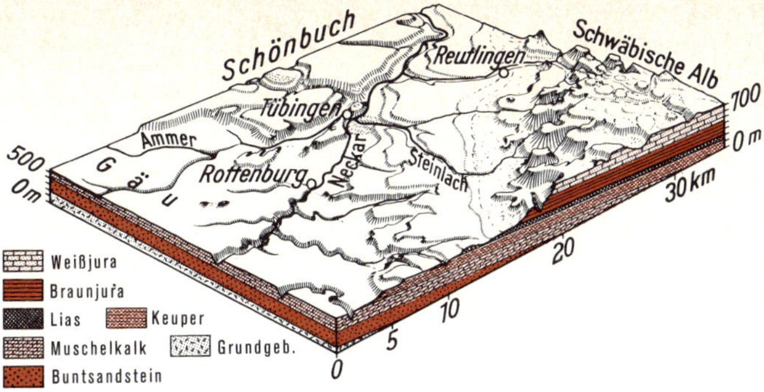

Ausschnitt aus dem Schwäbischen Stufenland:
Verhältnis von Relief und Gesteinsaufbau (nach G. Wagner)

Geologisches Bild des süddeutschen Stufenlandes wiederholt sich spiegelbildlich im *lothringischen Stufenland* (Oberlauf von Saar, Mosel und Maas) mit Abdachung zum Kreidegebiet der Champagne und dem tertiären Pariser Becken. Hier ähnliches nachvariszisches Gesteinsprofil, ähnliche Gesteinslagerung und -dislokation, ähnliche Relieferscheinungen. Fortsetzung auch nach Norden und Nordosten über Mainlinie in den Thüringer Raum.

Schwäbische und Fränkische Alb

Schweizer, *Schwäbischer* und *Fränkischer Jura* bilden zwischen Rhôneknie und Fichtelgebirge stratigraphische und erdgeschichtliche Einheit:

Marine Schichtgesteinsserie, taucht unter Molassebecken steil auf. *Schweizer Faltenjura* in Zusammenhang mit Orogenese der Alpen; *Schwäbischer* und *Fränkischer* Jura (einschließlich Schweizer Tafeljura) unter Wechsel von Streichrichtung und Steilheit gegen West bis Nord aufgerichtet, nicht gefaltet.

Hunderte von Metern mächtige Gesteinsserie, vor allem *Mergel-*, *Kalk-* und *Tongesteine*, untergeordnet *Sandstein*. Ablagerung eines von Norden über das Germanische Becken transgredierenden Flachmeeres, das sich gegen Ende der Jurazeit in den Alpenraum zurückzog.

Grobgliederung in *Schwarzjura* = Lias, *Braunjura* = Dogger, *Weißjura* = Malm nach vorherrschenden Farbtönen: Schwarzjura wegen Bitumengehalts, Braunjura wegen des bei Verwitterung sichtbar werdenden hohen Eisengehalts (Eisenerz im Braunjura der Ostalb), Weißjura wegen auffallend heller Gesteine, besonders der Kalke und Dolomite.

Gliederung des süddeutschen Jura am Beispiel seiner Ausbildung im mittleren Schwaben (in klassischer, auf QUENSTEDT zurückgehender Gliederung)

Oberer Jura Malm (Weißjura) 400 m	w ζ	Hangende Bankkalke Zementmergel Liegende Bankkalke (hierher die Solnhofer Schiefer)	Meeresregression Geschichtete Fazies, daneben — mit zeitlichen und räumlichen Schwerpunkten — die Fazies der Schwammriff- oder Massenkalke
	w ε	Felsenkalke	
	w δ	Dickbankige Quaderkalke	
	w γ	Aptychenmergel	
	w β	Werkkalke (wohlgeschichtete Kalke)	
	w α	Impressamergel	
Mittlerer Jura Dogger (Braunjura) 240 m	b ζ	Ornatentone	
	b ε	Macrocephalenschichten (Mergel, Oolithbänke)	
	b δ	Giganteusschichten (Tone, Mergel, Kalkbänke)	
	b γ	Sonninienschichten und Blaukalke	
	b β	Ludwigienschichten und Personatensandstein	
	b α	Opalinustone	
Unterer Jura Lias (Schwarzjura) 80 m	l ζ	Jurensismergel	
	l ε	Posidonien-(Öl-)schiefer	
	l δ	Amaltheentone	
	l γ	Numismalismergel	
	l β	Turneritone	
	l α	Arietenkalk Angulatenschichten (Kalk oder Kalksandstein) Psilonotentone	

Gliederung des süddeutschen Trias-Deckgebirges am Beispiel seiner Ausbildung im mittleren Württemberg

Keuper 250 m und mehr	Oberer Keuper (ko)	Rhät (Sandsteine, Tone)	Meerestransgression
	Mittlerer Keuper (km)	Knollenmergel (km 5) Stubensandstein (km 4) Bunte Mergel (mit Kieselsandsteinbank) (km 3) Schilfsandstein (km 2) Gipsmergel (km 1)	
	Unterer Keuper (ku)	Lettenkeuper (Dolomite, Tone, Mergel, Sandsteine)	
Muschelkalk ca. 300 m	Oberer oder Hauptmuschelkalk (mo)	Trigonodusdolomit (mo δ) Nodosuskalk (mo 2) Trochitenkalk (mo 1)	Meeresregression
	Mittlerer Muschelkalk (mm)	Anhydrit- und Salzgebirge (Tone, Mergel, Gips, Anhydrit, Steinsalz)	
	Unterer Muschelkalk (mu)	Wellengebirge (Kalke, Dolomite, Mergel)	Meerestransgression
Buntsandstein ca. 300 m	Oberer Buntsandstein (so)	Röt-Tone Plattensandstein	
	Mittlerer Buntsandstein (sm)	Oberes Konglomerat Mächtige Schichtenfolge des geröllfreien Hauptbuntsandsteins Ecksches oder Unteres Konglomerat	
	Unterer Buntsandstein (su)	Tigersandstein Bröckelschiefer	
Perm und Karbon		Rotliegend-Trümmergesteine mit Quarzporphyren (in Mulden) Karbonische Arkosen (in eng begrenzten Mulden des Grundgebirges)	
			Hauptdiskordanz
Grundgebirge (Granite, Gneise und andere Gesteine)			

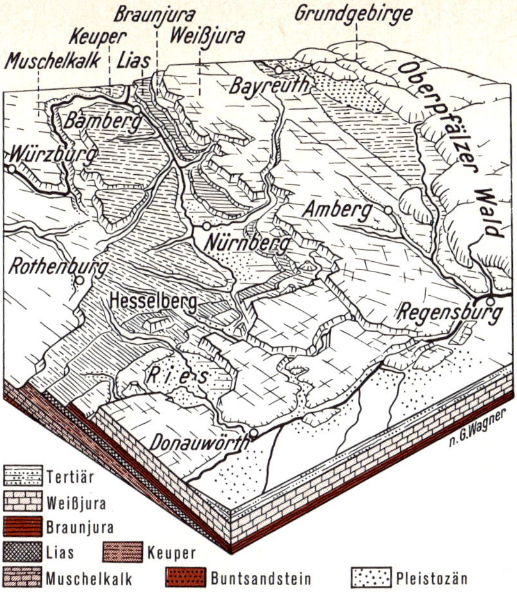

Geologisches Blockbild von Franken

Feingliederung nach rascher Abfolge besonders der Ammonitenarten, früher in je 6 Stufen, mit α bis ζ bezeichnet. Heute feinere Gliederung in Zonen (Zonenfossilien). Außer Ammoniten besonders Belemniten und andere Reste von Meerestieren, auch von Meeres- und Flugsauriern. Interessanter Horizont: Posidonienschiefer des Lias (Ölschiefer mit 5 bis 12% Bitumengehalt), neuerdings zur Gewinnung elektrischer Energie und zur Zementherstellung technisch verwertet.

Schweizer Faltenjura embryonales Faltengebirge (Bergketten = Antiklinalen). Klammen (Klusen) quer durch die Faltenbögen: Produkt z. T. antezedenter, d. h. vor der Auffaltung bestehender, sich mit der Hebung des Untergrunds weiter einschneidender Gewässer.

Im *Schwäbischen* und *Fränkischen Jura* allmähliche Zurückverlegung der Schichtstufen durch rückschreitende Erosion der Gewässer des Neckar-Mainsystems (Kampf um die Wasserscheide zwischen Rhein- und Donausystem).

Im Weißjura als erdgeschichtliche Besonderheit *Schwammriffe* (Massenkalk = Schwammkalk neben der geschichteten Fazies). Oberfläche des Weißjura in Schwaben und Franken von einem System zur Donau gerichteter Trockentäler überzogen: Entspricht einem tertiären und pleistozänen Gewässernetz bei tieferer Lage der Alb und höherem Grundwasserspiegel, deshalb noch geringere Verkarstung. Weißjura besonders

Raum für Zusätze

in Schwaben und Franken infolge Auflösung des Kalkgesteins im Untergrund heute weitgehend verkarstet: Wasserarmut, viele Tropfsteinhöhlen, am unteren Rand (SO) wasserreiche Karstquellen (z. B. Blautopf und Aachquelle, diese mit größter Quellschüttung in Deutschland, 10000 l/sec), Flußversickerungen, z. B. der Donau oberhalb Tuttlingen.

Landschaftsmosaik Süddeutschlands ist beispielhafter Spiegel der Gesteinsverhältnisse:

Landschaftliche Einheiten

Grundgebirge: Wechselvolle kuppige Wald- und Bergwiesenlandschaft der höheren Schwarzwald-, Vogesen- und Odenwaldgebiete, des Bayerischen, des Böhmer- und des Oberpfälzer Waldes; Holz- und Weidewirtschaft.

Buntsandsteinflächen: Meist wenig fruchtbar, dünn und spät besiedelt, flächige Nadelwaldgebiete besonders des nordöstlichen Schwarzwaldes, der nördlichen Vogesen, des Haardt- und Pfälzer Waldes, auch des Spessart; Holzwirtschaft.

Muschelkalkebenen: Altbesiedelte, durch Lößüberdeckung fruchtbare Ackerbaugebiete, *Gäue* Schwabens und Frankens, z. B. Strohgäu nördlich Stuttgart, Fränkische Platte bei Würzburg.

Keuper-Waldhügelgebiete: Spät und dünn besiedeltes Mischwaldhügelland mit zu schweren oder zu sterilen Böden (über Tonmergel bzw. Sandstein), z. B. Schönbuch, Schwäbisch-Fränkischer Wald, Frankenhöhe, Regnitzbecken, Steigerwald, Haßberge. Wald- und Wiesenwirtschaft, an günstigen Südhängen auch Obst-, z. T. Wein- und Gartenbau.

Lias- und Doggerzone: Albvorland. Altbesiedeltes Bauernland mit buntem Wechsel von guten Acker- mit Wiesenböden, Waldstreifen. Gebiet längs der Schwäbischen und Fränkischen Alb zwischen Donau-Ursprung und Main.

Weißjura-Hochflächen der Schwäbischen und Fränkischen Alb: Verkarstetes, trockenes, alt-, aber dünn besiedeltes niederes Mittelgebirgsland, oft flachgründige, steinige, jedoch nicht unfruchtbare Ackerböden (Humuskarbonatböden), Buchenwaldungen, auch Ödland; Trockentalnetz.

Oberrheinische Tiefebene

Breiter tektonischer *Grabenbruch* von Basel bis Mainz, zwischen Schwarzwald, Kraichgau, Odenwald (rechtsrheinisch), Vogesen, Zaberner Senke, Haardt, nordpfälzischem Bergland (linksrheinisch).

Gegen die gehobenen Flügel begrenzt durch ungefähr parallele, rheinisch gerichtete Verwerfungen und Staffelbrüche (Vorbergzonen besonders von Schwarzwald und Vogesen). Gesamte Sprunghöhe bis über 2500 m. In der Tiefe des Grabeninnern *Schollen älterer Gesteine*, wie sie auf der Höhe der angrenzenden Mittelgebirge und weiter östlich und westlich

Raum für Zusätze

liegen: Beweis für ehemals zusammenhängende Bedeckung des ganzen Gebietes durch Gesteinsfolge bis zum oberen Jura. Darüber im Grabeninnern 1000–2000 m mächtiges Tertiär (besonders Mergel, Kalke, Tone, auch sandige Bildungen) im Wechsel von mariner (2 Stufen), brackischer, limnischer, fluviatiler Fazies, seit älterem Tertiär in dem ständig weiter einsinkenden Trog gesammelt.

Im Neogen kräftige Heraushebung der Grabenränder; Entstehung der angrenzenden Mittelgebirge in heutiger Gestalt.

Im Eiszeitalter Überschüttung des Grabeninnern mit *fluviatilen* und *fluvioglazialen Schottern* und *Sanden* aus dem Alpengebiet (Rheingold aus Graubünden!), da während der Eiszeiten Urstromtal. An den Rändern des Grabens Löß, ausgeblasen aus dem Schutt des Innern.

In Nacheiszeit Einschneidung des *Hochgestades* (Rheinterrasse, begrenzt heutige Rheinaue). Auf Oberfläche des Hochgestades strichweise Zusammenblasung von Sand aus Schottern zu Dünen.

Bildungen des oberrheinischen Tertiärs: *Kalisalze*, ausgebeutet bei Buggingen (Gegend von Freiburg), und *Erdöl*, ausgebeutet besonders im Mittelteil des Grabens.

Der Oberrheingraben auch heute noch nicht stabil: *Erdbebenhäufigkeit;* Anzeichen von *Senkungen* in neuester Zeit; *heiße Quellen.* Mittelstück einer nordsüdlich durch ganz Europa verlaufenden Grabenzone (Oslo bis Rhônemündung): *Mittelmeer-Mjösenzone.*

Den Oberrheingraben überlagern ältere, seine Gestaltung und Streichrichtung noch beeinflussende variszische Strukturen (z.B. Zaberner und Kraichgau-Senke).

Geologisches Blockbild des Oberrheingrabens

Rote Flächen: Glutflußgesteine und kristalline Schiefer des Grundgebirges; dunkelrot: junge Glutflußgesteine der Vulkanruine Kaiserstuhl aus dem Jungtertiär

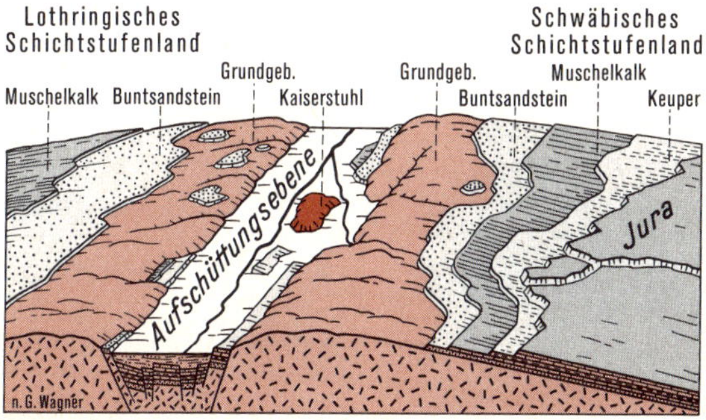

Kaiserstuhl als Vulkan dort entstanden, wo ein herzynischer Grabenbruch vom Bodensee her über Bonndorfer Graben den Oberrheintalgraben erreicht.

Tertiäre vulkanische Erscheinungen in Südwestdeutschland

Als Fernwirkung der Alpenbildung verschiedentlich vulkanische Bildungen, besonders aus dem Obermiozän. Ursache: Abdrängung von Glutfluß aus Untergrund des Alpenraumes gegen Randgebiete infolge des dortigen Gesteinszusammenschubs.

Kaiserstuhl: Riesige Vulkanruine (bis 350 m relative Höhe, 90 km^2 Fläche), komplizierte Anordnung vulkanischer Gesteine. Mehrere Ausbruchsphasen, tief abgetragen, in der Eiszeit von Löß überweht.

Hegau: Zwei Gruppen von Vulkanruinen, die einen mit Phonolit, die anderen mit Basalt. Reste von Decken vulkanischer Aschen. Bekannte Vulkanruinen: Hohentwiel, Hohenhöwen, Hohenstoffeln, Höwenegg, Hohenkrähen, Mägdeberg.

Gebiet von Urach-Kirchheim: Über 200 „Vulkanembryonen" (weitere vermutet) in lockerer Streuung. Schlote mit Basalttuff (Gemenge aus zerspratzter Lava und Trümmern von Gesteinen der Schlotwände). Oftmals, besonders nach der Tiefe, reiner Basalt, im Albvorland meist als „Bühle" oder „Bölle" wegen größerer Härte als das Nebengestein herauspräpariert (z.B. Georgenberg bei Reutlingen), auf Albhochfläche dagegen in Geländemulden (gelegentlich maarartig, z.B. Randecker Maar bei Kirchheim). Produkt meist nur *einer* vulkanischen Entladung. Für Besiedlung der Alb wichtig, da wasserhaltender Untergrund.

Weißjura-Gesteinstrümmer in Basalttuffschlot von Scharnhausen am Südrand des Stuttgarter Stadtgebietes beweisen, daß Rand der Schwäbischen Alb vor 12 Millionen Jahren noch mindestens 25 km weiter nördlich lag.

Vulkanembryonen des mittleren Albvorlandes

Vor dem Albtrauf (links): Die im Verhältnis zum Nebengestein härtere Schlotfüllung (Basalttuff oder Basalt) veranlaßt die Bildung eines Kegelberges („Bühl", „Böll"); Kegelform ist Abtragungsergebnis

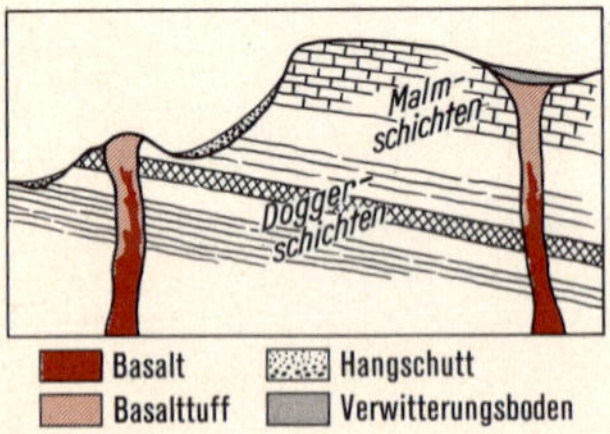

Auf der Albhochfläche (rechts): Die im Verhältnis zum Nebengestein weichere Schlotfüllung (Basalttuff) veranlaßt die Bildung einer maarartigen Geländemulde (wasserstauender Untergrund)

Basalttuff ist Gemisch aus zerspratztem basaltischem Glutfluß und Nebengesteinstrümmern

Ries (Mittelpunkt Nördlingen, zwischen Schwäbischer und Fränkischer Alb): Flache, kuchenblechförmige Ebene von etwa 20 km Durchmesser. Riesiger vulkanischer, runder Sprengkessel, umgeben von hinausgeschleuderten Gesteinstrümmern (kubikmetergroße Blöcke bis Augsburg). Im Innern außer Trümmergestein Gestein aus nachgedrungenem Glutfluß und Sintergestein. Inneres im Quartär mit fruchtbarer Lößdecke belegt. Neuerdings auch als riesiger Meteorkrater gedeutet.

Raum für Zusätze

Sprengkessel ähnlicher Entstehung, aber in viel kleinerem Format und ohne Glutflußgestein, ist das *Steinheimer Becken* (westlich vom Ries).

Katzenbuckel: Tief abgetragene Ruine eines Basaltvulkans im südlichen Odenwald. In seiner Schlotfüllung Braunjura-Gesteinstrümmer gefunden: Hinweis auf geschlossenes Gesteinsgefüge mindestens bis zum Braunjura über dem heutigen Odenwald noch im Tertiär.

Nachvulkanische Erscheinungen: Viele Thermal- und Kohlensäurequellen Süddeutschlands. Nachvulkanische Erscheinungen im Zusammenhang mit der hohen geothermischen Tiefenstufe des mittleren Albgebietes: Hoch liegender, in Abkühlung begriffener Batholith, der im Tertiär vulkanische Durchschüsse des Urach-Kirchheimer Gebiets speiste.

Alpenvorland

Gebiet zwischen Genfer See und Wiener Becken (Schweizer Mittelland – Oberschwaben – Oberbayern – Ober- und Niederösterreich) ist Einheit im Sinne erdgeschichtlicher Entwicklung:

Langgestreckte *Muldenzone* (Rest einer Geosynklinalen), mit Alpenfaltung und -heraushebung zwischen Alpen einerseits und Schweizer, Schwäbischem, Fränkischem Jura sowie Böhmischer Grundgebirgsmasse andrerseits entstanden; seitdem Sammelmulde für Schutt, besonders des Alpenraumes, in geringerem Maße aus nördlich angrenzendem Gebiet.

Tiefe der Mulde z. T. über 3000 m. Entsprechend große Mächtigkeit des horizontal und vertikal wechselvollen Tertiärprofils. Unterlage mesozoische Gesteine, mit Übergang von germanischer in alpine Fazies. Bisher nur geringe Kenntnis dieses Untergrundes durch Erdölbohrungen. Sammelbezeichnung für tertiäre Muldenfüllung: *Molasse.* Gliederung auf Grund zweimaligen Wechsels von Land und Meeresbedeckung:

Untere Meeresmolasse: Meeresarm vom Rhônebecken bis Wiener Becken und Karpatenraum (Oligozän).
Untere Süßwassermolasse: Rückzug des Meeres nach O und WSW (Oberoligozän).
Obere Meeresmolasse: Meeresarm in Verbindung mit Rhônebecken, Oberrheingraben und Karpatenraum (Miozän).
Obere Süßwassermolasse: Endgültiger Rückzug des Meeres (Obermiozän).

Vorübergehende *Transgression des Tertiärmeeres* zur Zeit der Oberen Meeresmolasse aus dem Alpenvorland nochmals weit nach Norden: Herausbildung einer *Strandlinie* („Burdigal-Kliff") mit Bohrmuschellöchern in der Längserstreckung der ganzen Schwäbischen Alb. Nördlich des Kliffs die „Kuppenalb", südlich die „Flächenalb".

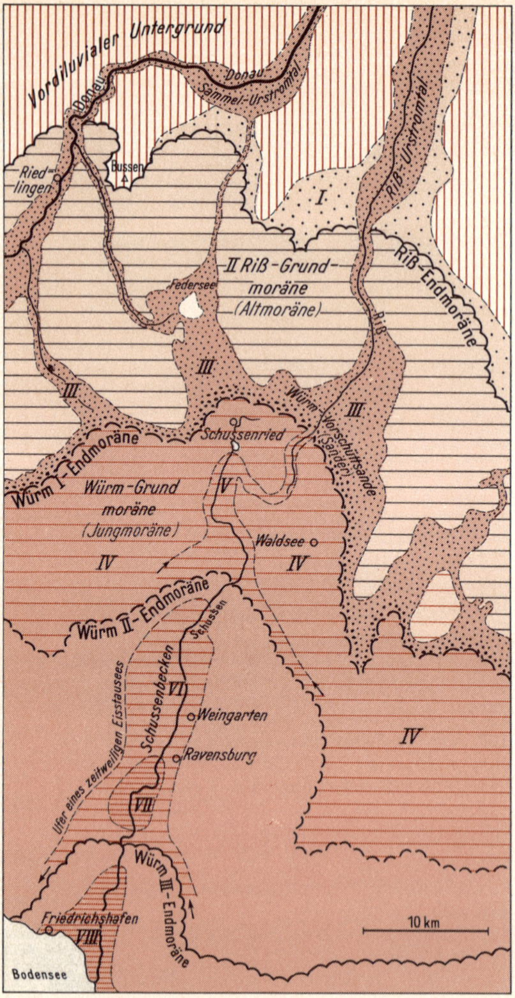

Eiszeitbildungen in Oberschwaben:

I Vorschüttsande und Talschotter der Riß-Vereisung (Hochterrasse)

II Grundmoräne der Riß-Vereisung

III Vorschüttsande und Talschotter der Würm-Vereisung (Niederterrasse)

IV Grundmoräne der Würm-Vereisung

V Aulendorfer Eisstausee

VI Großer Ravensburger Eisstausee

VII Kleiner Ravensburger Eisstausee

VIII Nacheiszeitlicher Bodensee

← Richtung der Entwässerung

Wirkung der Tertiärzeit (besonders Eozän und Oligozän): Spaltenfüllungen der Albhochfläche (weniger typisch die der Muschelkalkflächen). Reste von Laterit-, Terra rossa- und Terra gialla-Bodenmaterial, z. T. mit Bohnerzen und Skelettresten, besonders Zähnen der tertiären Tierwelt. Beweis für tropisches und subtropisches, langsam abkühlendes Klima.

Raum für Zusätze

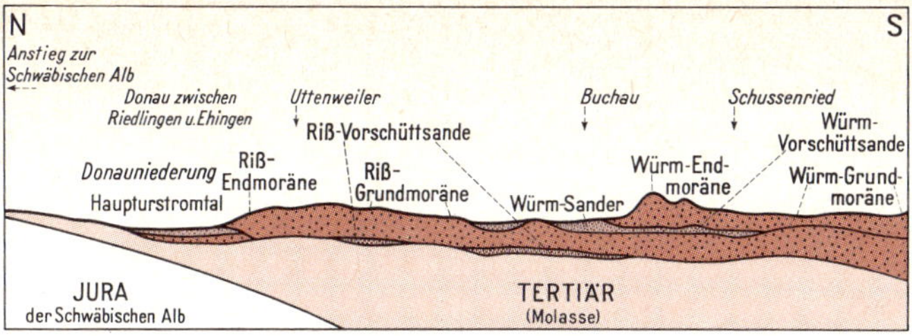

Eiszeitbildungen in Oberschwaben (schematische Darstellung)

In der Nähe beider Muldenränder, besonders der Alpenseite, Fazies der *Nagelfluh:* betonartiges Konglomerat aus Gesteinsschutt der Nachbargebiete. Nagelfluh besonders charakteristisch für südliches Schweizer Mittelland. Im Beckeninnern vor allem *Mergel*, *Mergelsandstein* und *Sandsteine*. Am Jurarand auch Süßwasserkalke. Gegen Ende des Tertiärs alte *Flußanlagen* deutlich.

Molasse lückenhaft überlagert von den Bildungen des Eiszeitalters: *Grundmoränen* besonders der zwei letzten Vereisungen mit Endmoränenzügen und Vorschüttsandfächern (Sander). Die zum Donau-Urstromtal gerichteten Schmelzwasserrinnen mit Schotterterrassen (s. Abb. S. 61).

Jungmoränenlandschaft als alpennaher Gebietsstreifen reliefstark, da auch in der letzten (Würm-)Vereisung eisbedeckt; dagegen flachwellige *Altmoränenlandschaft* des nördlich anschließenden Gebietsstreifens, der nur in früheren Eiszeiten vom Eis erreicht wurde (vgl. hierzu Tabelle S. 58).

Inn-, Chiemsee- und Salzach-Zungenbecken (etwas vereinfacht)

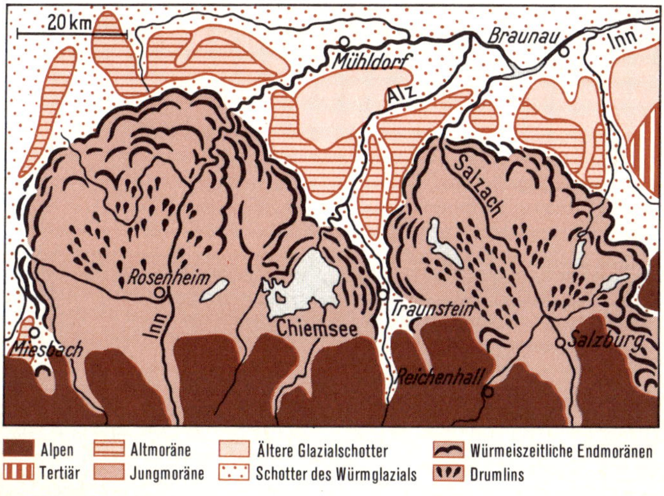

Raum für Zusätze

Die Alpen

Im Werden der Alpen zwei große Abschnitte: ein sehr langer mit Ablagerung der alpinen Sedimentgesteine, ein zweiter, ungleich kürzerer, mit Formung der Alpen zum Gebirge. Erster Abschnitt als *geosynklinaler*, zweiter als *orogener* zu bezeichnen. Im ganzen Gebietsstreifen der Erde, zu dem die Alpen gehören, in beiden Zeitabschnitten gegenläufiges Verhalten: im geosynklinalen überwiegend Tendenz zum Absinken, im orogenen dagegen Faltung und Heraushebung.

Der stoffliche Bau

Bausteine der Alpen sehr unterschiedlich nach Alter, Materialzusammensetzung, Genese und Grad der Metamorphose. Für regionale Betrachtung am wichtigsten: *Alter* und *Metamorphose*. In diesem Sinne gilt im allgemeinen: hochmetamorphe Gesteine zugleich auch ältere, nicht metamorphe Gesteine zugleich auch jüngere Bausteine der Alpen.

Hochmetamorphe (altkristalline) Gesteine

Durchwegs schon vor dem Geosynklinalabschnitt vorhanden und im orogenen Abschnitt mit in den Alpenbau einbezogen. Masse dieser Gesteine wahrscheinlich älter als Oberkarbon (Gerölle altkristalliner Gesteine in oberkarbonischen Konglomeraten), zum Großteil wohl präkambrisch. Daher zusammenfassend auch als *Altkristallin* bezeichnet. Diese alten Gesteine vielfach durch Gebirgsbildung herausgehoben, gefaltet und überschoben, so daß sie heute auch Teile tektonisch hoher und höchster Stockwerke bilden.

Mineralzusammensetzung: Quarz, Feldspat, Glimmer in wechselnden Mengenverhältnissen, dazu verschiedene akzessorische Mineralien. Nach Ausgangsmaterial zwei große Gruppen altkristalliner Gesteine zu unterscheiden:

Paragneise (Sedimentgneise) durch Metamorphose aus ehemaligen Absatzgesteinen hervorgegangen. Große Mannigfaltigkeit der Ausbildung von *Gneis* (Paragneis) über verschiedene *Glimmerschiefer* bis zu *phyllitischen Gesteinen*. Rückschreitende Metamorphose (Diaphthorese) kann ehemals höher kristalline Gesteine in weniger hoch kristalline überführen (deutlicher Hinweis auf starke tektonische Beanspruchung des betreffenden Gesteinskomplexes). Ursprünglicher Chemismus weitgehend maßgebend für Chemismus des Endgesteins. Je nach Menge der SiO_2-reichen Mineralien mehr „saure“ (z.B. Feldspatgneise) oder mehr „basische“ (z.B. Para-Amphibolite) Paragesteine. Verbreitungsgebiet der Paragneise in den Alpen: autochthone Massive, alle Altkristallin-Anteile der verschiedenen Deckensysteme (s. Abschnitt „Der strukturelle Bau“ und Karte S. 114/115).

Orthogneise (Plutonite) entstanden aus erstarrten, in die Erdrinde eingedrungenen Magmamassen: je nach Chemismus „sauer“ (vorherrschender Mineralbestand Quarz, Feldspat, Glimmer und Akzessorien) oder „basisch“ (vorherrschender Mineralbestand sogenannte femische = eisenreiche Mineralien wie Biotit, Hornblende; Quarz und Feldspat zurücktretend oder fehlend, dazu Akzessorien). *Sauer:* granitische und verwandte Gesteine. *Basisch:* Ortho-Amphibolite und ultrabasische Gesteine sowie deren Verwandte. Mehrzahl der Intrusiva ähnlich alt wie die Paragneise, somit älter als alpine Gebirgsbildung (= vortektonisch), daher durch Gebirgsbildung zu Gneisen verschiefert (Orthogneise).

Raum für Zusätze

Ortho- und Paragneise des Altkristallins Beweis für alte, voralpidische orogene Vorgänge. Stellenweise sicher nachweisbar: jungpaläozoische variszische Orogenese (Diskordanzen, z.B. zu Oberkarbon oder Perm der Westalpen), kontaktmetamorphe Beeinflussung der Umgebung (Paragneise) durch jüngere Magmagesteine.

In verschiedenen tektonischen Einheiten, die aus Altkristallin aufgebaut sind, verschiedene Gruppen von Mineralneubildungen, die jünger sind als bestimmte tektonische Vorgänge. Gruppen solcher posttektonischer Mineralien für bestimmte Kristallingebiete kennzeichnend. Verbreitungsgebiet der Orthogneise gleich dem der Paragneise.

Junge Intrusiva

Stockförmig eingedrungene plutonische Magmamassen überwiegend granitischer Zusammensetzung entlang der großen Trennungsfuge Zentralalpen–Südalpen: *Periadriatica.* Keine verschieferten, sondern noch richtungslos körnige Massengesteine, daher jünger als alpine Gebirgsbildung, im Tertiär eingedrungen. Vielfach Kontakthöfe zu Nebengesteinen. (Verbreitung der jungen Intrusiva s. tektonische Übersichtskarte der Alpen S. 114/115.) Vereinzeltes Auftreten junger Intrusiva auch außerhalb des periadriatischen Bogens (z. B. Winnebach-Granit in den Ötztaler Alpen, Predazzo, Cima d'Asta).

Eruptiva

Gesteinsmassen, die durch echte *vulkanische Vorgänge* zu den verschiedensten Zeiten im Raum der Alpen an die Oberfläche gelangten: teils *Laven*, teils *Tuffe*. Ältere, voralpidische Eruptiva vielfach mehr oder weniger metamorph (z.B. Ophiolithe der penninischen Decken). Chemismus verschieden wie bei Intrusiva, teils sauer (Quarzporphyre, z.B. permischer Bozener Quarzporphyr und seine Tuffe), teils mehr basisch (Diabase, Melaphyre, z.B. melaphyrische Laven und Tuffe in der Trias der Südtiroler Dolomiten, Basalte, z.B. der Südalpen und des Alpenrand-Vulkanismus).

Paläozoische (und ältere), wenig oder nicht metamorphe Gesteine

Vor dem alpinen Geosynklinalabschnitt gebildet. Geringerer Metamorphosegrad als beim Altkristallin (im allgemeinen höchstens epizonal). Verbreitung besonders in den Ostalpen (Gesteine der *Grauwackenzone*); mehr oder weniger Trümmergesteine, Tonschiefer, Quarzite, Konglomerate, dazu saure (Porphyroidschiefer) und basische (Metadiabase) Vulkanite, aber auch Kalke und Dolomite. Alter z.T. durch Fossilien

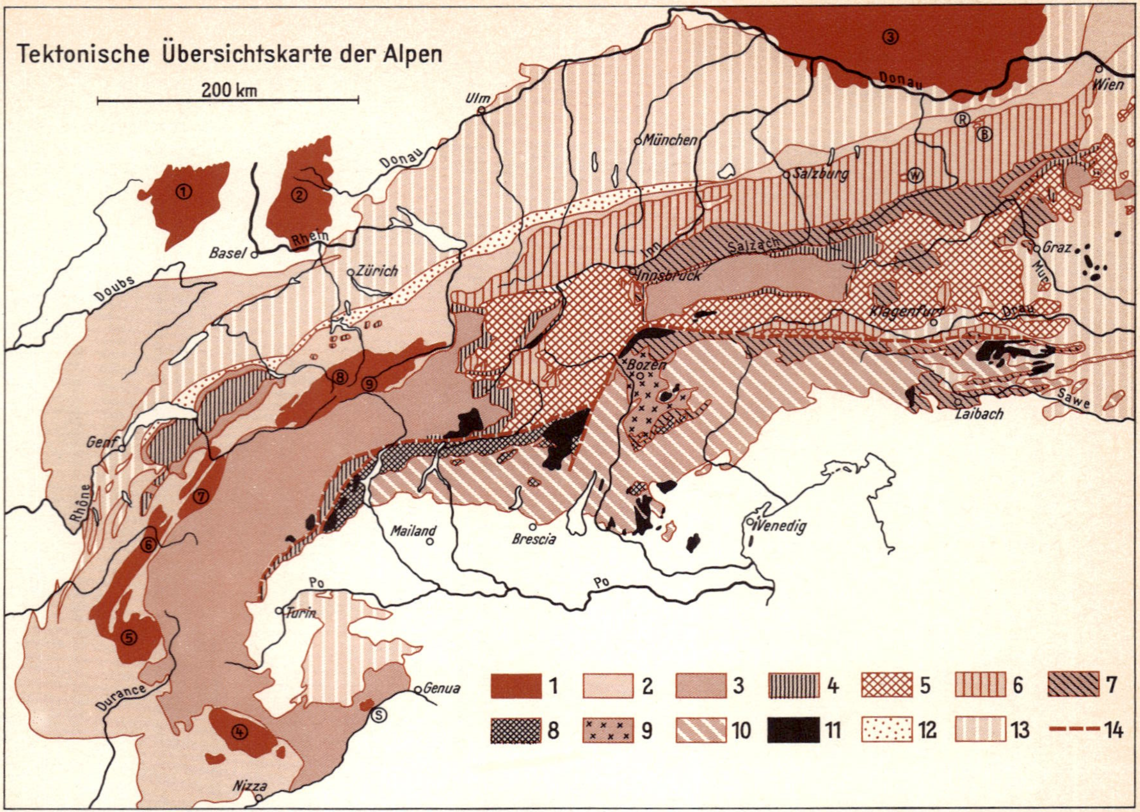
Tektonische Übersichtskarte der Alpen
200 km
Ulm
Donau
München
Salzburg
Wien
Basel
Rhein
Zürich
Doubs
Genf
Rhône
Durance
Nizza
Turin
Po
Genua
Mailand
Brescia
Venedig
Bozen
Innsbruck
Inn
Salzach
Klagenfurt
Drau
Graz
Mur
Laibach
Sawe
1
2
3
4
5
6
7
8
9
10
11
12
13
14

Tektonische Übersichtskarte der Alpen

1 **Außeralpines Altkristallin:** ① Vogesen, ② Schwarzwald, ③ Böhmische Masse und
Autochthone Massive der Alpen: ④ Mercantour, ⑤ Pelvoux, ⑥ Belle Donne, ⑦ Mont Blanc, ⑧ Aare-Massiv, ⑨ Gotthard-Massiv, Ⓢ Fenster von Savona

2 **Helvetische Zone:** Autochthones Helvetikum, Faltenjura, Helvetisches Deckenland, Helvetikum und Flysch der nördlichen Ostalpen, Ⓦ Fenster von Windisch-Garsten, Ⓑ Fenster von Brettl

3 **Penninikum:** Westalpen, Unterengadiner Fenster, Tauernfenster und Wechselfenster

4 **Unter- und Mittelostalpin:** Decken, Klippen und Wurzelzone

5 **Oberostalpines Altkristallin**

6 **Oberostalpine Sedimente:** Nördliche Kalkalpen, Drauzug und Karawanken sowie Mesozoikum der (ostalpinen) Zentralalpen

7 **Oberostalpines Paläozoikum** (und älter): Nördliche Grauwackenzone, Landecker Quarzphyllit, Zentralalpines Paläozoikum der Steinacher Decke, Stangalpe; Murauer und Grazer Paläozoikum
Südalpine Grauwackenzone mit Quarzphyllit (Brixener Quarzphyllit und Quarzphyllit am Südrand der Bozner Quarzporphyrplatte)
Laibacher Paläozoikum

8 **Altkristallin der Südalpen**

9 **Bozner Quarzporphyr** (kleinere Vorkommen von Quarzporphyr bei Lugano und in den Bergamasker Alpen nicht ausgeschieden)

10 **Sedimente der Südalpen**

11 **Periadriatische Intrusiva** (Granite, Diorite und Tonalite von Baveno, Biella, Traversella, Bergell, Adamello, Iffinger, Brixen, Rieserferner, Eisenkappl, Predazzo, Cima d'Asta)
Tertiäre Ergußgesteine im Alpenvorland (Oststeiermark, Vicentinische Alpen, Euganeen)

12 **Subalpine Molasse** (Faltenmolasse), Ⓡ Fenster von Rogatsboden

13 **Ungefaltetes Tertiär** des nordalpinen Molassetroges, des außeralpinen und inneralpinen Wiener Beckens, der Steirischen Bucht (Pannonisches Becken) und der Po-Ebene (hier größtenteils durch Pleistozän verdeckt)
Größere inneralpine Tertiärbecken

14 **Insubrische — Tonale — Judikarien — Pustertal — Gailtal-Linie**

Raum für Zusätze

festgelegt: in ihrer Hauptmasse Ordovizium, Silur, Devon, Karbon und Perm, z.T. auch älter, kambrisch bis (?) präkambrisch (Quarzphyllite der Ostalpen). Unter Geröllen der oberkarbonischen Konglomerate der West- und Ostalpen auch Gerölle des älteren altkristallinen Untergrundes in gleicher Metamorphose wie heute vorliegendes Altkristallin; daraus ergibt sich, daß Metamorphose älter als Oberkarbon (Verbreitung s. tektonische Übersichtskarte S. 114). Kleinere, geringmächtigere Vorkommen in autochthonen Massiven und anderen Kristallingebieten der West- und Ostalpen (in der Übersichtskarte S. 114 nicht verzeichnet). Südalpines Paläozoikum der Karnischen Alpen faziell vom nordalpinen Paläozoikum der Grauwackenzone stark verschieden: südalpines Paläozoikum stärker geosynklinal betont (ältere, jungpaläozoische Geosynklinale), außerhalb der Karnischen Alpen Paläozoikum im allgemeinen auf Perm beschränkt.

Mesozoische und känozoische Sedimentgesteine

Ihre Ablagerung fällt in Geosynklinalabschnitt der Geschichte der Alpen. Seit Beginn der Trias im ganzen Erdmittelalter Alpenraum Meeresbereich bei stetiger, allmählicher Absenkung *(Geosynklinalmeer)*. Daher – obwohl Alpengebiet stets Flachsee – Ablagerung von Sedimenten großer Mächtigkeit. Dafür besonders kennzeichnend triassische Gesteine der nördlichen Kalkalpen in den Ostalpen (z.B. mitteltriassischer Wettersteinkalk der Tiroler und bayerischen Kalkalpen; 1,5 bis fast 2 km mächtig). Innerhalb dieser Gesteinsmassen keine vertikalen Gesteinsunterschiede; Befund der Fossilien beweist, daß Sedimentation in einem Flachmeer von maximal 100–150 m (meist noch weniger) vor sich ging: in dem Maße, wie sich der Meeresboden senkte, Ablagerung unter stets gleichbleibenden Bedingungen. Dieses stetige, allmähliche Absinken des Untergrundes über lange Zeiträume ist Wesen des Geosynklinalmeeres.

Alpines Geosynklinalmeer war Teil eines großen erdumspannenden Geosynklinalmeeres *(Tethys)*, des alten meso- und neozoischen „Mittelmeeres“ (vom Atlantischen Ozean quer durch die Alte Welt bis zum Pazifischen Ozean).

Alpines Geosynklinalmeer kein einheitliches Meeresbecken, sondern in eine Reihe von kleineren Geosynklinaltrögen gegliedert (durch Schwellen = *Geantiklinalen* voneinander getrennt). Mehrere Teil-Geosynklinaltröge in nord-südlicher Richtung aneinandergereiht. In jedem dieser Teil-Geosynklinaltröge besondere, für den betreffenden Raum kennzeichnende Gesteine gebildet. Ihre Ausbildung läßt einigermaßen deutlich gegenseitige Nachbarschaft erkennen: im nördlichsten Teiltrog Gesteine mit noch stärksten Anklängen an epikontinentale Verhältnisse wie in der germanischen Trias. In den südlich anschließenden Teiltrögen zunehmend geosynklinal ausgebildete Gesteine. Außer dieser Verschiedenheit quer und schräg zum Streichen der Gesamtgeosynklinale weitere Faziesunterschiede auch in der Längsrichtung (z.B. bayerisch-tirolische, Berchtesgadener, Mürztaler, Hallstätter Fazies).

Zwischen den Teiltrögen liegende Geantiklinalen für orogene Vorgänge von großer Bedeutung: Geantiklinalen offensichtlich Schwächestellen, an denen sich bei der Orogenese gewaltige *tektonische Fugen* ausbildeten. Daran lösten sich die einzelnen großtektonischen Stockwerke *(Deckensysteme)* ab. Dementsprechend decken sich Faziesbereiche der Sedimentmassen der einzelnen Geosynklinaltröge weitgehend mit Deckensystemen.

Raum für Zusätze

In Alpengeosynklinale in Nord-Süd-Anordnung vier große Teilgeosynklinalräume mit entsprechender Fazies: *helvetischer, penninischer, ostalpiner, südalpiner Geosynklinalraum.*

Ein Vergleich der Triasablagerungen dieser vier Tröge zeigt die Unterschiede:

Helvetische Trias: noch starke Anklänge an germanische Trias, noch dieselbe Dreiteilung (germanische Trias: Buntsandstein, Muschelkalk, Keuper; helvetische Trias: Quarzite, Röti-Dolomit, Quartenschiefer) und dieselbe geringe Mächtigkeit.

Penninische Trias: der helvetischen z. T. noch sehr ähnlich.

Ostalpine Trias dagegen von ganz anderer Gesteinszusammensetzung. Vorherrschen sehr mächtiger Kalk- und Dolomitmassen und deren teilweise Abkunft aus Riffbildungen.

Südalpine Trias: Vielzahl von Gesteinen, aber faziell von ostalpinen unterschieden. Auch hier echte Riffgesteine. Dazu im Raum der Südtiroler Dolomiten kräftiger Vulkanismus der Mitteltrias.

In der ost- und südalpinen Trias statt der Dreiteilung Einteilung in 6 Stufen: *skythische* (= Buntsandstein = westalpiner Quarzit), *anisische, ladinische* (beide zusammen = Muschelkalk = westalpiner Röti-Dolomit), *karnische, norische* und *rhätische* (= Keuper = westalpiner Quartenschiefer). In den meisten dieser 6 Triasstufen Folge von mehreren, faziell getrennten Gesteinen. Gegenüber der einige hundert Meter mächtigen helvetischen Trias in der ostalpinen und südalpinen Trias Mächtigkeiten von 2000–3000 m. Letztere echte Geosynklinalablagerungen.

In Jura und Kreide geänderte Verhältnisse: im ost- und südalpinen Raum Verarmung an Sedimenten, dafür Übergreifen der echt geosynklinalen Sedimentation auf helvetischen und penninischen Trog. Außerdem fortschreitende Verlagerung der geosynklinalen Senkungstendenz vom Inneren des Alpenraumes nach außen (Norden), bis Einmuldung auf nördliches Alpenvorland übergreift; in den Alpen selbst schon orogene Vorgänge im vollen Zuge.

Zu Beginn der Trias im gesamten Geosynklinalraum Einsetzen mariner Überflutung; Anhalten im allgemeinen bis in Unterkreide (teilweise auch länger). In Oberkreide und in älterem Tertiär im Alpenraum anscheinend keine geschlossene Meeresbedeckung, Ablagerungen dieser Zeitabschnitte jedenfalls nur örtlich. Je jünger der Zeitabschnitt, desto mehr Sedimentationslücken und Abtragsphasen erkennbar: Geosynklinalabschnitt im Werden der Alpen geht zu Ende. In ihm Ablagerung der Bausteine, vor allem Kalke, Dolomite, Mergel, untergeordnet auch

Raum für Zusätze

Konglomerate, Sandsteine und Breccien; zugleich Vorzeichnung der großen tektonischen Fugen durch die (hypothetischen) Schwellen und Geantiklinalen.

Geosynklinalsedimente in höheren tektonischen Stockwerken (Ostalpen, Südalpen) und im Helvetikum im allgem. nicht oder nur ganz schwach metamorph (dann fein zuckerkörnige Kalke und Dolomite), dagegen im penninischen Deckensystem und in stark tektonisch beanspruchten Teilen des Oberostalpin zu mehr oder weniger körnigen Kalken und Dolomiten umkristallisiert oder zu Bänderkalken ausgewalzt. Eigene Ausbildung bei den mehr oder weniger metamorphen *Bündner Schiefern* des Penninikums: je nach Grad der Metamorphose flyschähnliche, tonig-sandige Schiefer, Kalkschiefer bis Kalkphyllite und Kalkglimmerschiefer. Alter: Jura bis Eozän.

Der strukturelle Bau

Orogener Bau der Alpen unmittelbar abhängig von ursprünglicher geosynklinaler Anlage. Durch alpine Orogenese gesamter Geosynklinalraum in S–N-Richtung (Ostalpen) bzw. SO–NW- bis O–W-Richtung (Westalpen) zusammengepreßt und eingeengt. Sedimentplatten einschließlich ihres Untergrundes übereinandergeschoben zum strukturellen Bau der Alpen. Entsprechend den großen Teiltrögen Anordnung der tektonischen Stockwerke = *Deckensysteme*. Dabei auffallende Asymmetrie in der Verteilung der tektonischen Bauelemente im Alpenbogen. Tiefere Einheiten auf Westalpen, höhere (wenigstens heute) auf Ostalpen beschränkt.

Autochthone Massive

Autochthone Massive der Westalpen = tiefstes tektonisches Bauelement der Alpen: Gebirgsstöcke der Mercantour, Pelvoux, Grandes Rousses, Belle Donne, des Mont Blanc, der Aiguilles Rouges, des Aare- und des Gotthard-Massivs. In diesen autochthonen Massiven mit ihren mächtigen Massen von Ortho- und Paragneisen kommt alter Untergrund der Alpen zum Vorschein.

Autochthonie (Bodenständigkeit, Lage am ursprünglichen Ort) nur bezogen auf ihre Umgebung. Ob absolut autochthon, d.h. an Ort und Stelle seit eh und je, ist nicht geklärt. Alters- und gesteinsmäßig entsprechen autochthone Massive den Aufragungen der alten europäischen Festlandsmasse am Außenrand des Alpenbogens: Maures und Esterel nördlich der Côte d'Azur, französisches Zentralplateau, Vogesen, Schwarzwald, Böhmische Masse. Aufragungen des alten Untergrundes inner- und außerhalb der Alpen zeichnen großräumige wellige Verbiegung des Untergrundes ab. Autochthone Alpenmassive werden als emporgepreßter Südrand der alten europäischen Tafel gedeutet. Alpen durch Anschub der südlichen afrikanischen Festlandsmasse an die nördliche europäische entstanden (Bewegung möglicherweise durch Unterströmung verursacht; Unterströmungstheorie S. 43). Dadurch alpine mesozoische Geosynklinale herausgequetscht und ihr Sedimentinhalt samt Untergrund zu den Alpen als Gebirge emporgetürmt.

Autochthone Massive zeigen Auf- und Absteigen der Längsachse der Alpen: *Massive* = Kulminationen, dazwischen *Depressionen*, angefüllt vom Deckenmaterial der höheren tektonischen Einheiten: Zwischen Mercantour und Pelvoux Depression des Embrunais, zwischen Aig. Rouges–Mont Blanc und Aare-Massiv Walliser (Rhône-) Depression, östlich des Aare-Massivs Glarner Depression. In den Ostalpen keine autochthonen Massive.

Kristallin der autochthonen Massive besitzt Mantel von Sedimentgesteinen: diskordant-transgressiv (also autochthon) darüber oberkarbonische (örtlich fossilführende) Schiefer, Sandsteine und Konglomerate; über dem Oberkarbon mächtige Serie von Quarziten wahrscheinlich des unteren Perm (Verrucano), darüber helvetische Trias und helvetische Jura- und Kreidegesteine. Sedimentmantel, besonders Trias und jünger, in der Umgebung der autochthonen Massive vielfach gefaltet *(autochthone helvetische Falten)* oder Falten bereits von ihrer Unterlage etwas abgeschoben *(parautochthone helvetische Falten)*.

Helvetisches Deckenland

Helvetisches Deckensystem aus helvetischem Autochthon bis Parautochthon durch Faltenüberschiebungen entwickelt. Kennzeichnend für helvetische Decken wie für helvetische Zone überhaupt sind Trias-, Jura- und Kreidegesteine in helvetischer Fazies. Klassische Entwicklung helvetischer Decken in den Depressionen beiderseits des Aare-Massivs, d.h. in Walliser (Rhône-) und Glarner Depression.

In *Walliser Depression* übereinander lagernd: Morcles-, Diablerets- und Wildhorn-Decke. Aufgebaut in erster Linie aus jurassischen und kretazischen Gesteinen, beteiligt auch Späne und Schubkeile von Kristallin sowie ultrahelvetische Elemente (s. unten). Wildhorn-Decke überdeckt mit weit ausgreifendem Faltenwurf die beiden tieferen tektonischen Einheiten. Im Norden der Waadtländer und Berner Alpen tauchen Falten der Wildhorn-Decke unter ultrahelvetische Schubmassen. Faltenbau und Sedimententwicklung der helvetischen Zonen zeigen an mehreren Stellen deutlich Einfluß von Bruchbildungen schon in ihrer geosynklinalen Entwicklung. Helvetischer Ablagerungsraum besonders im Dogger von Staffelbrüchen durchsetzt, beiderseits der Störungen Ablagerung von

Profil durch die helvetischen Decken der Wildhorngruppe
(aus J. Cadisch, Geologie der Schweizer Alpen)

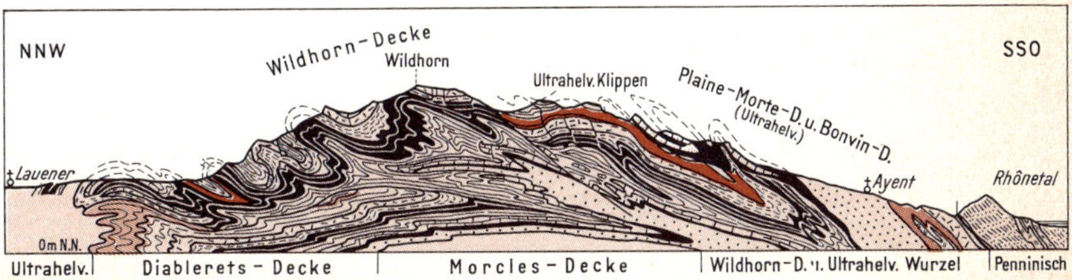

Sedimenten verschiedener Mächtigkeit. Bei der Orogenese dickere Sedimentplatten meist zu Faltenstirnen umgeformt.

In den französischen Alpen südwärts des Genfer Sees bis zum Mittelmeer Übergang der helvetischen Zone in autochthon bis höchstens parautochthon gefaltetes Gebiet der subalpinen Ketten. Ostwärts Fortsetzung der helvetischen Zone der Westalpen als *Helvetikum* (vgl. S. 126): eigene tektonische Einheit in der Flyschzone (Flysch: s. S. 126), die nördlichen Kalkalpen vorgelagert ist.

Südlich der autochthonen Massive (Mont Blanc, Aare-Massiv) tauchen helvetische Decken steil gegen Süden in die Tiefe. *Wurzelzone* der helvetischen Decken: Briançonais–Rhône- und Vorderrheinlängstal.

> *Wurzelzonen* sind jene Teile eines Deckensystems, die entgegen der Richtung der Deckenbewegung steil in die Tiefe verschwinden. Daher vorne Deckenstirn, rückwärts Deckenwurzel.

Penninisches Deckensystem (Penninikum)

Helvetische Zone und helvetische Decken randlich von Süden her vom Penninikum, dem nächsthöheren großtektonischen Stockwerk, überschoben. Kennzeichnend *Bündner Schiefer*. In den ganzen Westalpen baut Helvetikum die Außenzone, das Penninikum die *zentralen Teile* auf. Auch penninische Decken Faltendecken und – wie helvetische Decken – aus dem Inneren des Alpenbogens heraus nach außen vorgetrieben. Falten-(Decken-)stirn wie bei vielen helvetischen Decken auch bei penninischen Decken klar erkennbar. *Penninische Decken* mächtiger Stapel übereinander gelagerter Faltendecken. Innerer Bau durch tiefe Aufschlüsse im Simplongebiet gut bekannt: Kristalliner Deckenkern und

Übersicht über die penninischen Decken

Tektonische Stellung	Westpenninisch		Ostpenninisch
oberpenninisch	Dent Blanche-Decken	Dent Blanche-Decke e.S. Mont Mary-Decke Mont Emilius-Decke	Sella-Decke Margna-Decke
mittelpenninisch	Mischabel-Decken	St. Bernhard-Decke Monte Rosa-Decke	Suretta-Decke Tambo-Decke
tiefpenninisch	Simplon-Decken	Monte Leone-Decke Lebendun-Decke Antigorio-Decke	Adula-(Soja-)Decke Simano-Decke Lucomagno-(Leventina-)Decke
autochthon (?)	Verampio-Granit (Crodo-Gneis), darüber Dolomit (Trias), Bündner Schiefer, Marmor, Granatglimmerschiefer		

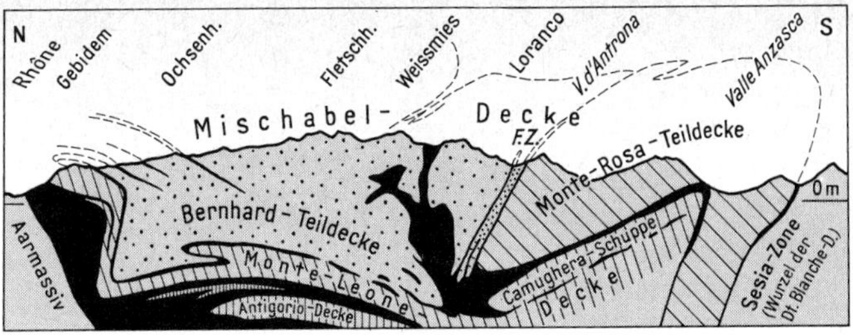

Sammelprofil durch die Bernhard- und die Monte-Rosa-Teildecke
(aus J. Cadisch, Geologie der Schweizer Alpen)

FZ Furggzone, frühere Bezeichnung für Furggmulde + Lorancolappen + Lorancomulde

Mantel aus geringmächtiger Trias und Bündner Schiefern, Kalkschiefern und Kalkphylliten, Kalkglimmerschiefern als metamorphe Sedimenthülle des penninischen Altkristallins. Glimmerig-serizitischer Belag auf Schieferungsflächen verleiht Bündner Schiefern oft eigenartig seidigen Glanz (Schistes lustrés). Im einzelnen unterschiedliche Metamorphose, epizonal, nur in untersten penninischen Decken mit mesozonalen Merkmalen. Höher metamorph im allgemeinen Bündner Schiefer der zentralen und tektonisch tieferen penninischen Decken; in höheren Deckenteilen (Prätigau) nur geringe Metamorphose. Prätigauschiefer leiten in Flyschgesteine am Nordrand der Ostalpen über. *Flyschgesteine* aus Abtragungsmaterial des sich aufbauenden Gebirges entstanden; daher Vorkommen sowohl bei helvetischen wie penninischen Decken.

Profil durch die penninischen Decken längs des Simplontunnels
(aus J. Cadisch, Geologie der Schweizer Alpen)

0 Tieferes Kristallin (autochthon?)
I Antigorio-Kristallin
II Lebendun-Altkristallin
III Monte-Leone-Altkristallin
IV Bernhard-Altkristallin

T Trias (schwarz)
S Schistes lustrés (Bündner Schiefer)
Sg Schistes lustrés, granatführend
SG Bündner Schiefer des Gotthard-Massivs

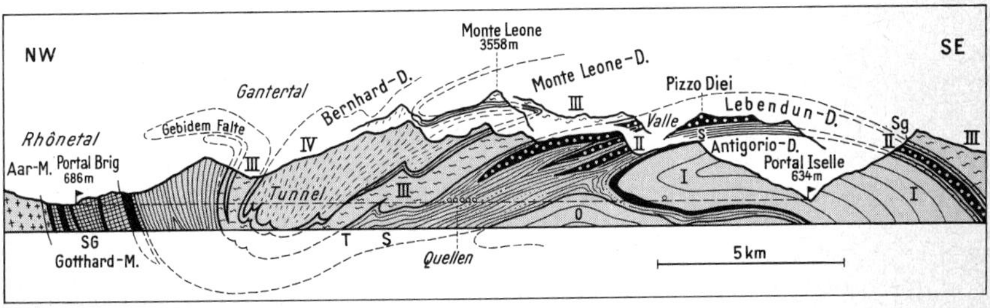

Raum für Zusätze

Bündner Schiefer metamorphe Ausbildung einer ursprünglich kalkig-tonigen Sedimentfolge von großer Mächtigkeit. Fossilfunde beweisen Jura, Kreide bis Alttertiär. Bündner Schiefer enthalten häufig Lager von Grünschiefern (in den Westalpen als *Ophiolithe* bezeichnet), metamorphe Abkömmlinge basischer Effusiva und deren Tuffe. In tiefpenninischen Decken dieser an sich mächtige Gesteinskomplex vielfach zu schmalen Streifen ausgewalzt (zusammen mit Triasgesteinen), in hochpenninischen Decken dagegen von größerer Mächtigkeit. Hauptverbreitungsgebiet der Bündner Schiefer in Graubünden. Penninische, besonders tiefpenninische Decken offensichtlich an autochthonen Zentralmassiven der Westalpen gestaut, angepreßt, ihre Stirn vielfach als „Tauchdecken" in die Tiefe hinabgedrückt.

Große Längsausdehnung der penninischen Decken, vom Mittelmeer bis weit in Ostalpen hinein. Ungefähr an Grenze Westalpen–Ostalpen (Bodensee–Rheintal–Splügen–Comer See) tauchen penninische Einheiten ostwärts unter Gesteinsmassen des höchsten großtektonischen Stockwerkes der Alpen, d.h. unter ostalpine Decken.

Ostalpines Deckensystem

Bis jetzt große ostalpine Faltenüberschiebungen unbekannt. Dadurch Unterscheidung des ostalpinen Deckensystems von helvetischen und penninischen Decken. Alle ostalpinen Decken nicht durch Überfaltung (mit Liegend- und Hangendschenkel) entstanden, sondern durch Abschieben (Abscheren) von ihrer Unterlage *(Scherdecken)*. Sedimente der ostalpinen Decken in reiner *Geosynklinalfazies* entwickelt. Weitgehende tektonische Trennung zwischen altem kristallinen Untergrund und Sedimentdecke.

Nördliche Kalkalpen ausschließlich mesozoische Schichtgesteine; zentraler Alpenkamm überwiegend aus Altkristallin, auf dem nur in kleineren Resten mesozoische Gesteine, mehr oder weniger in ursprünglicher Auflagerung, erhalten sind. Auch paläozoisches Schichtpaket im wesentlichen auf drei geschlossenere Verbreitungsbereiche beschränkt (nördliche und südliche Grauwackenzone und Grazer Becken).

Im ostalpinen Deckenstapel weniger ein Übereinander als ein Nebeneinander. Unter oberostalpinen Einheiten unter-(mittel-)ostalpine Decken.

Hauptverbreitung unterostalpiner Decken an der Grenze Westalpen–Ostalpen (Ostschweiz). Unterostalpine Einheiten einschließlich des sie unterlagernden Penninikums auch in mehreren *Fenstern* im Innern der Ostalpen unter oberostalpinen Decken sichtbar (Unterostalpine Decken am Westende der Ostalpen: Falknis-, darüber Sulzfluh-Decke, darüber Arosa-Zone).

Penninische (und unterostalpine) Fenster der Ostalpen: Mehrere Fenster: Fenster von Gargellen, Unterengadiner Fenster, Tauernfenster, Semmeringfenster.

Fenster von Gargellen: In der Taltiefe eines Seitentales des Montafon (Vorarlberg) unterostalpine Einheiten; Falknis-, Sulzfluh-Decke und

Raum für Zusätze

Arosa-Zone. Allseitig von Altkristallin der Silvretta-Masse (oberostalpin) überlagert, reines Erosionsfenster.

Unterengadiner Fenster: Kuppelförmige Aufwölbung (55 km Länge, bis 17 km Breite) des tieferen penninischen Untergrundes (Bündner Schiefer und Ophiolithe) unter den oberostalpinen Einheiten der Silvretta-Decke (Altkristallin) im Westen, der Ötztaler Decke (Altkristallin) im Osten. Zugleich nicht nur tiefere tektonische Einheiten unter höheren, sondern auch jüngere Gesteine geringerer Kristallinität (Bündner Schiefer) unter wesentlich älteren, höher kristallinen (Altkristallin). Zwischen Penninikum und Oberostalpin unterostalpine Deckenreste (Tasna-Decke).

Tauernfenster: Kuppelförmige Aufwölbung, ähnlich Unterengadiner Fenster (von diesem rund 55 km entfernt), 170 km Längserstreckung, 30 km mittlere Breite. Tauernfenster gewissermaßen Kern der Ostalpen. Im Kern des Tauernfensters Granit bis Granitgneis (älter; *Tauerngranit* und *-gneis* oder *Zentralgneis*), Tonalit und -gneis (jünger) von Schieferserien allseitig ummantelt: *gneisnähere*, untere (zugleich ältere) und *gneisfernere*, obere (zugleich jüngere) *Schieferhülle.*

Gneisnähere Schieferhülle aus kalkfreien Schiefern zusammengesetzt, denen oft mächtige Marmorzüge zwischengeschaltet sind. *Gneisfernere Schieferhülle* dagegen aus überwiegend sehr kalkreichen Schiefern zusammengesetzt (Kalkphyllite bis Kalkglimmerschiefer), die nach Gesteinsausbildung und tektonischer Position vollkommen den Bündner Schiefern (höher metamorphen Teilen) entsprechen. Wie in Bündner Schiefern der Westalpen die Ophiolithe, so stecken gleichartige Gesteine auch in Kalkphylliten der Ostalpen, hier meist als *Grünschiefer* bezeichnet. In beiden Fällen metamorphe basische Eruptiva und deren Tuffe. Zu den Kalkphylliten kommen noch vielfach kalkärmere Schiefer, schwarze Phyllite (Schwarzphyllite), den Glanzschiefern der Westalpen ähnlich.

Zentralgneis und Schieferhülle nicht einfach kuppelförmig gebaut, sondern in Ost-West-Richtung in Einzelkerne gegliedert. *Einzelkerne* teilweise durch Bewegungsflächen getrennt; über den Kernen, d.h. in den Hüllgesteinen, Entwicklung verschiedener *Decken*, im Einzelfall auch unter Beteiligung von Zentralgneis.

Bisher im ostalpinen Kalkphyllit-Komplex keine Fossilfunde, dennoch kein Zweifel, daß Gesteine altersmäßig den westalpinen Bündner Schiefern entsprechen (also meso- bis känozoisch).

Schematisches tektonisches Übersichtsprofil durch die Ostalpen
(nach W. Del-Negro)

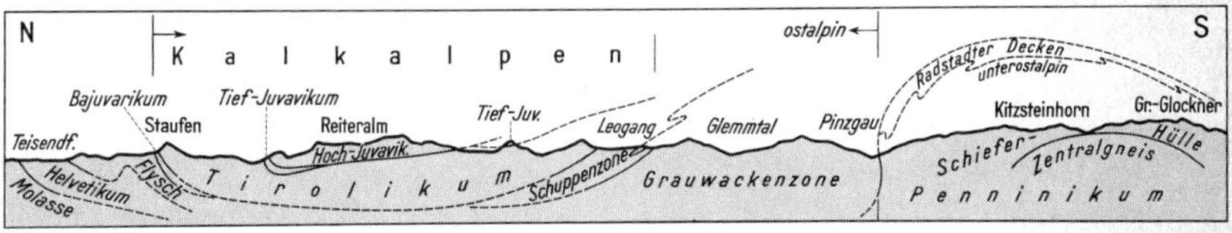

Raum für Zusätze

Im großen gesehen Penninikum des Tauernfensters allseitig von teils geringmächtigen Serien aus Trias- und Juragesteinen überlagert: im Westen und Nordwesten *Tarntaler Serie*, im Osten und Nordosten *Radstädter Serie*, im Süden *Matreier Zone*. Diese Serien entsprechen unterostalpinen Einheiten des Westens. Überlagerung von oberostalpinen Einheiten: Altkristallin-Massen im Westen (Ötztaler Decke), Süden (Zone der alten Gneise) und Osten, paläozoische Gesteine der nördlichen Grauwackenzone im Norden (andere Zuordnung durch A. Tollmann). Im Westen und Osten des Tauernfensters axiales Eintauchen der penninischen (und unterostalpinen) Serien unter überlagerndes Oberostalpin besonders deutlich. Im Norden und Süden gegenseitiges tektonisches Verhältnis (heute) dagegen mehr das einer steilgestellten Anpressung.

Semmeringfenster: Im Kern Wechsel von Schiefer und Schiefergneis (dem Tauerngneis vergleichbar), darüber Unterostalpin, permotriassische Quarzite und Triaskalke und -dolomite in ähnlicher Fazies wie in Radstädter Serie (Tauernfenster-Ost), dazu Kalkglimmerschiefer (penninisch?).

Oberostalpine Decken:

Zentralalpen: Westlichste Einheit *Silvretta-Decke* (Altkristallin) über unter-(mittel-)ostalpinen Einheiten (darunter Penninikum) schwimmend (Fenster von Gargellen, Unterengadiner Fenster, Falknis-Sulzfluh-Decke im Westen). Innerer Bau dem der Ötztaler Decke (s. unten) sehr ähnlich: im Norden Ost-West streichende, steilgestellte Gesteinszüge, im Süden (Kesch-Gruppe) auch steilachsige Faltung *(Schlingen)* der Ortho- und Paragneise. Silvretta-Decke im Norden in tiefere Phyllitgneis- und höhere Silvretta-Decke im engeren Sinne geteilt. Der Silvretta-Decke im Norden angepreßt und von ihr vermutlich auch überfahren die nördliche Grauwackenzone einschließlich (Landecker) Quarzphyllit. Dem Altkristallin aufgelagert Mesozoikum der Engadiner Dolomiten.

Östlich des Unterengadiner Fensters *Ötztaler Decke*, bildet Westrahmen des Tauernfensters. Gleiche Gesteine, gleicher Innenbau wie Silvretta-Decke, nur Schlingentektonik (Falten mit steilstehender Achse) hier wesentlich großartiger. In der großen Stubaier Schlinge kleinere Detailschlingen (Mittelberg-, Venter Schlinge). In Altkristallin von oben her *Schneeberger Zug* eingefaltet (als in sich kompliziert gebautes Muldensystem): mineralreiche Schiefer, geringe Metamorphose, mit Dolomit- (und Kalk-)marmoren. Schneeberger Zug hängt trotz völliger Gesteinsübereinstimmung nicht unmittelbar mit gneisnaher Tauernhülle zusammen. Auf Ötztaler Altkristallin noch relativ-autochthon Auflage von Sedimentgesteinen (Brenner-Mesozoikum im Kalkkögel-, Serles-, Tribulaungebiet; Trias des Jaggl im oberen Vintschgau). Ötztaler Altkristallin übergreift nördlich vom Unterengadiner Fenster das Altkristallin der Silvretta, liegt in Deckschollen den mesozoischen Gesteinen der Engadiner Dolomiten auf (ist also randlich der Silvretta-Decke aufgeschoben). Auf dem Brenner-Mesozoikum kleiner Rest einer höheren Deckeneinheit aus Quarzphyllit und Karbon, der *Steinacher Decke*.

Ötztaler und Silvretta-Masse offenbar sehr jung den nördlichen Kalkalpen an- und aufgeschoben. Dabei vorgelagerte Grauwackenzone (einschließlich Innsbrucker und Landecker Quarzphyllit) teils überfahren, teils auf schmale Streifen ausgequetscht. Ötztaler Decke bei Telfs auf nördliche Kalkalpen aufgeschoben, dadurch tektonische Strukturen (Falten- und Muldenbau) der Kalkalpen in Seefelder Senke niedergebogen. Faltenstruktur der Kalkalpen also älter als An- und Aufschub der Ötztaler Masse. Morphologische Folge: großes Knie im Verlauf des Inntales bei Telfs, Anlage der Senke von Seefeld im geologischen und morphologischen Sinn.

Ostrahmen des Tauernfensters beinahe spiegelbildlich wie Westrahmen (Ötztaler Masse): auf Altkristallin relativ-autochthone mesozoische Auflagerungsreste (Stangalm-Mesozoikum), darüber Gurktaler Decke (überwiegend Paläozoikum). In *Fenstern von Oberhof* und *Wimitz* tritt Altkristallin wieder zutage.

Grazer Paläozoikum, über Altkristallin und triasverdächtigen Sedimenten liegend, kann Gurktaler Decke an die Seite gestellt werden.

Zone der alten Gneise südlich des Tauernfensters. Hängt gegen Osten mit Altkristallin-Gebieten Nordkärntens und weiter östlich anschließenden Gebieten zusammen, gegen Westen mit Altkristallin der Ortlerbasis. Über Kristallin der Zone der alten Gneise *Mesozoikum* (überwiegend Trias) der Lienzer Dolomiten – Gailtaler Alpen und der Karawanken. Trias in ähnlicher Fazies wie in Nordalpen.

Nördliche Grauwackenzone: Hauptverbreitung in tirolisch-salzburgischer und in nordsteirischer Grauwackenzone. Durchwegs *paläozoische Gesteine*, im Westen der (? kambrische bis präkambrische) Innsbrucker und Landecker Quarzphyllit als stratigraphischer Untergrund. Ganze Zone durch Faltung stark eingeengt, wobei Falten teils steil, teils flach liegen. Obersteirische Grauwacken zeigen deckenförmigen Stockwerkbau, mit diaphthoritischem Altkristallin zwischen den Haupteinheiten. Nördlich der Ötztaler und Silvretta-Decke Grauwackenzone von Altkristallin zum Teil überfahren, teils auf wenige hundert Meter breiten Streifen eingeengt (ausgequetscht).

Nördliche Kalkalpen vom Rheintal bis zum Alpenostrand bei Wien durchstreichend, Nordsaum der Hochgebirgs-Alpen (nur im äußersten Westen der Ostalpen zeigt auch Flyschzone Hochgebirgsformen). In Kalkalpen mehrere deckenförmige Einheiten übereinandergestapelt.

> Nach älterer Auffassung Decken der Kalkalpen Scher-, z.T. auch Gleitdecken, nach Auffassung der Deckentheorie über die Zentralalpen von Süden her in heutige Lage eingeschoben. Im Sinne neuerer Ansichten mehr oder weniger autochthon verschuppt und verfaltet.

Nördliche Kalkalpen insgesamt als Decke über größere Strecken gegen Norden vorgeschoben, da ihr Untergrund aus Flyschgesteinen in mehreren Fenstern in ihnen zutage tritt, am überzeugendsten im Fenster von Windisch-Garsten: Dort, nur 15 km vom Südrand der Kalkalpen, aber

Raum für Zusätze

25 km von ihrem Nordrand entfernt, aus dem Untergrund der Kalkalpen herauf Flyschgesteine emporgeschuppt, so daß also Großteil der Kalkalpen (mindestens 25 km heute verschuppten und verfalteten Kalkalpenraumes) auf Flysch überschoben ist (zugleich Älteres [Kalkalpen überwiegend Trias] über Jüngeres [Flysch überwiegend Oberkreide]). Dementsprechend gesamter Nordrand der Kalkalpen großtektonische Fuge, an der Flysch südwärts mehr oder weniger steil unter Kalkalpen eintaucht.

Flysch und Helvetikum begleiten Kalkalpen in ganzer Länge vom Rheintal bis zur Donau bei Wien. Beide Einheiten Musterbeispiele für Trennung zweier benachbarter Absatzgebiete (Geosynklinal-Trogteile); in beiden Einheiten gleich alte Gesteine, aber in grundverschiedener Fazies:

Im *Flysch* Vorherrschen sandig-klastischer Gesteine, nur wenig Foraminiferen; im *Helvetikum* Vorherrschen toniger (rein mariner) Gesteine, reich an Foraminiferen; Flysch und Helvetikum Unterkreide bis Alttertiär.

Flysch kann als penninisches Bauelement aufgefaßt werden. Zwischen Fläscher Berg (Rheintal) und Rhätikon (an der Luziensteig) verdeckt nur schmaler, schuttüberdeckter Streifen unmittelbare Verbindung zwischen südlichem *Vorarlberger* und *Prätigau-Flysch.* Helvetikum dagegen entspricht Helvetikum der Westalpen. Flysch ursprünglich als einheitliche Überschiebungsdecke dem Helvetikum aufgeschoben. Beide zusammen gemeinsam verfaltet, erosiv abgetragen. Kalkalpen als Decke über gefaltetes und erosiv abgetragenes Flysch-Helvetikum überschoben. Im ostalpinen Flysch klar erkennbarer Deckenbau, teilweise mit fremden Schubspänen an Basis *(Klippen)*. Nordgrenze von Flysch-Helvetikum = Alpenrandüberschiebung. Dort beide über Vorlandmolasse überschoben. Molasse-Untergrund innerhalb der Flysch-Helvetikum-Zone in Fenstern zutage tretend (z.B. Fenster von Rogatsboden). Anschub der Alpen hat Randzone der Molasse noch mitgefaltet *(Faltenmolasse, subalpine Molasse)*.

Ostalpen-Westalpengrenze: Linie Bodensee–Rheintal–Splügen–Comer See. Westlich überwiegend *westalpine* (Helvetikum und Penninikum), östlich überwiegend *ostalpine* Bauelemente (Ostalpines Deckensystem). Aber in Ostalpen auch westalpine Bauelemente wie Penninikum in Engadiner- und Tauernfenster (und Semmeringfenster), Helvetikum und Flysch als Alpennordsaum.

Ebenso ostalpine Bauelemente auf Westalpenraum übergreifend: Im Gebiet des Vierwaldstätter Sees auf helvetischen oder ultrahelvetischen Flyschgesteinen Reste ortsfremder Einheiten, die *Klippen*. Markantester Vertreter die beiden *Mythen* bei Schwyz. Größte und zugleich geschlossene Verbreitung erlangen diese ortsfremden Gesteine in Freiburger und Waadtländer Alpen und (jenseits des Rhône-Tales) im Chablais (= Préalpes romandes). Dort über helvetischer Wildhorn-Decke kompliziert gebauter und in allen seinen Strukturen und Zusammenhängen noch nicht völlig geklärter Stapel von Decken: Niesenflysch-Decke (hochpenninisch), ultrahelvetische Decken, Klippendecken (unterostalpin).

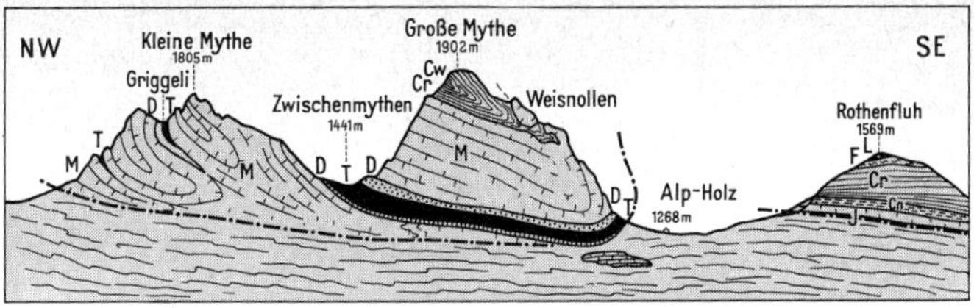

Profil durch die Klippen der Mythen und der Rothenfluh
(aus J. Cadisch, Geologie der Schweizer Alpen)

1. Mythenklippe: Cr Oberkreide-Mergelkalk, rot (Couches rouges); Cw dasselbe, weiß; M Malmkalk; D Dogger und? Lias; T Trias
2. Rothenfluhklippe: Cr Oberkreide; Cn Untere Kreide, Fleckenkalk; J Malmkalk; L Lias; F Flysch
3. Unterlage: Ultrahelvetischer Flysch, vorwiegend Wildflysch, mit Linse von Seewerkalk

Raum für Zusätze

Mythen (als Beispiel für *Klippen*): Über schwärzlichen Schiefern des schweizerischen Vorlandflysches Kalke des Malm als mächtige Felsklötze. Am Gipfel der Großen Mythe rötliche Oberkreideschiefer der Couches rouges. Malmkalk und Couches rouges, dem Raum vollkommen fremd, am besten den unterostalpinen Einheiten vom Westrand der Ostalpen vergleichbar (Falknis- und Sulzfluh-Decke). Vorstellung über Entstehung der Klippen und Klippendecken in den Préalpes: Im Bereich der autochthonen Massive (vor allem Aare-Massiv) sind durch Heraushebung randliche Deckenteile (unter-)ostalpiner Herkunft abgeglitten und bis in heutige tektonische Position am Außenrand der Alpen vorgeschoben.

In neuerer Zeit Erwägungen, Klippengesteine weniger den unterostalpinen Einheiten als den penninischen zuzuordnen.

Da Bauelemente der Westalpen auf ostalpinen Raum und umgekehrt ostalpine auf westalpinen übergreifend, hat Ostalpen–Westalpen-Grenze nur beschränkte Berechtigung.

Südalpen durch größte Störungslinie im gesamten Alpenkörper von Zentralalpen getrennt. Störungslinie beginnt als „insubrische Linie“ nördlich Turin, unter den jungen Ablagerungen des südlichen Alpenvorlandes auftauchend, setzt sich über Nordende der oberitalienischen Seen ins Veltlin fort, mündet als „Tonale-Linie“ in „Judikarienlinie“, führt im Bogen von Meran ins Pustertal (Pustertal–Gailtal-Linie) und verschwindet schließlich am Ostalpenrand südlich des Bacher-Gebirges unter Tertiär. An Judikarienlinie werden ostalpine Einheiten der Ortler-Gruppe ostwärts, an Pustertal–Gailtal-Linie ebenfalls ostalpine Lienzer Dolomiten westwärts abgeschnitten.

Raum für Zusätze

Südalpen als Ganzes von übrigen Alpen im Bau abweichend: Kristalliner Untergrund von mächtigen permisch-mesozoisch-känozoischen Ablagerungen unter Zwischenschaltung von Quarzphyllit überlagert. Durch Judikarienlinie (Idro-See–Meran) in West- und Ostteil gegliedert. Westteil mächtige, gegen Süden abfallende Schichtplatte (älteste Gesteine im Norden, Veltlin, jüngste am Südalpenrand). Ostteil flache, weitgestreckte Wanne mit aufgebogenen Rändern im Norden und Süden, Untergrund zutage tretend: im Norden Paläozoikum und älter (Brixner Quarzphyllit, Paläozoikum der Karnischen Alpen, im Nordfuß der Steiner Alpen sowie im westlich anschließenden Gebiet), im Süden Kristallin und Quarzphyllit nördlich der Suganer Linie (Val Sugana). Im Innern der Wanne Sedimente der Südtiroler Dolomiten. Gegen Alpensüdrand hin ebenfalls mehr flacher Mulden- und Sattelbau. Schichtentafel der Südalpen durch untergeordnete Störungslinien in Schollen zerlegt, ohne Deckenbildung. Nur in Dolomiten in einzelnen Gipfelregionen tektonisch aufge-(über-)schobene Reste, als *Gipfelüberschiebungen* bezeichnet. Früher eher als Reste eines höheren tektonischen Stockwerkes aufgefaßt; heute, besonders von italienischen Geologen, als Reste örtlicher Schweregleitungen erklärt.

Zusammenfassung: Zeitlicher Ablauf der Alpenbildung

Alpen von Mittelmeerküste bis Donau bei Wien einheitlich gebaut: *Deckengebirge*. Das ist Ergebnis mehrfach sich wiederholender Faltungs-(Überschiebungs-), Hebungs- und Abtragungsphasen. Zeitraum der Alpenbildung: in Oberkreide beginnend, bis in Jungtertiär anhaltend. Vorläufer-(Hebungs-)phasen z.T. schon in mittlerer Kreide und Jura.

Struktureller Großbau der Alpen beherrscht auch Oberflächengestalt im großen. In den großen Längstalfurchen der Alpen deutliches Hervortreten der großen tektonischen Fugen: Rhône–Rhein-Furche von Martigny bis Chur folgt der helvetischen Wurzelzone. Entlang der insubrischen Linie penninische und ostalpine Wurzelzone (Wurzelzonen = Gebiete, in denen Decken entgegen der Richtung ihrer Bewegung steil in die Tiefe setzen und verschwinden). In Ostalpen Hervortreten besonders der Längstalfurchen Klostertal–Arlberg–Inntal, oberes Salzachtal–Ennstal: Südrand der nördlichen Kalkalpen bzw. Nordrand des Tauernfensters (Salzach).

Primär-tektonische Anlage zieht spätere morphologische Entwicklung des Talsystems nach sich, bedingt durch mehrfaches Herausheben des gesamten Alpenkörpers gegenüber seiner Umgebung. Erst diese späteren en bloc-Bewegungen haben Alpen als Hochgebirge geformt und geschaffen.

Eiszeit hat Alpen nur modellierend überformt. Im eigentlichen Alpengebiet 3 Eiszeiten nachweisbar (Mindel-, Riß-, Würm-Eiszeit), durch 2 Warmzeiten getrennt; am Alpenrand 1–2 Eis-(Kalt-)zeiten (Günz-Eiszeit) und 1–2 Warmzeiten mehr (vgl. Tabelle S. 58 und Text S. 78ff.). Eiszeitliche Ablagerungen: glaziale Moränen und interglaziale Schotter, Sande und Tone.

Nach Ende der letzten (Würm-)Eiszeit subarktische Wärmeschwankung, anschließend Vorstoß von lokalen Gletschern in den Alpentälern (Schlern-, Gschnitz-, Daun-Zeit), danach postglaziale Wärmezeit, bis gegen Ende des Mittelalters andauernd. Ab 17. Jahrhundert Neubildung der heutigen Alpengletscher mit Höchstständen im 18. und 19. Jahrhundert.

Raum für Zusätze

Überblick über den geologischen Bau der Erdteile

Die Urkontinente

Während der mindestens 2 Mrd. Jahre des Archaikums und Algonkiums Bildung einer großen verfestigten Kontinentalmasse (*Megagäa*) als Folge mehrerer Orogenesen. Diese Masse von *Urpazifik* umgeben, von *Urarktik*, *Urskandik* (zwischen Skandinavien und Grönland) und nördlichem und südlichem *Uratlantik* durchlöchert. Gesteine der Megagäa als Liegendes jüngerer Formationen überall anzunehmen. Vorherrschend kristalline Gesteine, aus Glutfluß erstarrt, häufig wieder aufgeschmolzen. Daneben auch schon geschichtete Ablagerungen nachweisbar; Vorkommen in den Sockeln der alten Massive und den Kernen der Faltengebirge. Lebensspuren nicht zu erkennen. Mehrere große Faltungssysteme. Im höheren Algonkium allmählich Zunahme der Ablagerungsgesteine (Konglomerate, Sandsteine, Schiefer, wenig Kalkgestein). Durch *präkambrische Faltungen* folgende Urkontinente konsolidiert (spätere Faltungsvorgänge ohne Bedeutung):

Laurentia. Zentrales Nordamerika bis Polarmeer, Grönland, Island, Hebriden, Island- und Färöer-Schwelle. Im Kanadischen Schild (Umgebung der Hudson-Bai bis zu den Großen Seen), auf Grönland und den Hebriden anstehend. Gneise, Amphibolite, Schiefer, Sandsteine und Konglomerate überwiegen. Eisenerzvorkommen, Nickel und Kupfererze in der Umgebung der Großen Seen auf vulkanische Vorgänge zurückzuführen. Hauptfaltung: Laurentische Revolution mit kräftigem Vulkanismus. Algonkische Gesteine folgen mit scharfer Diskordanz. Im unteren Algonkium algomische Faltung. Am Ende des Algonkiums verbreitete Spuren einer *Vergletscherung* mit Tilliten (fossilen Geschiebemergeln). Am Westrand Anlage einer großen Geosynklinale, aus der später das Felsengebirge hervorgehen wird.

Schichtenfolge und Faltungsphasen im Präkambrium und Paläozoikum

Paläozoikum	Perm Karbon Devon	Variszische Faltungsära
	Silur (Gotlandium) Ordovicium Kambrium	Kaledonische Faltungsära
Präkambrium	Algonkium Archaikum	Mehrere große Faltungsären

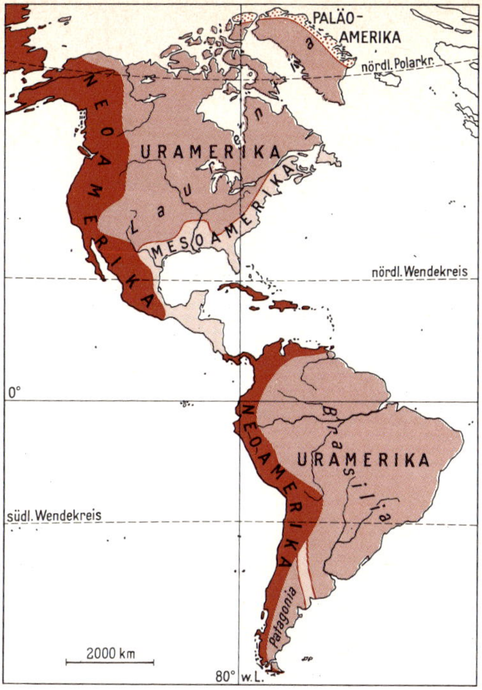

Tektonische Großgliederung Amerikas (nach H. Stille)
Uramerika vor dem Kambrium verfestigt; Paläoamerika kaledonisch gefaltet; Mesoamerika variszisch gefaltet; Neoamerika alpidisch gefaltet

Fennosarmatia. Umfaßt Skandinavien außer Norwegen, russische Tafel (Russia, Sarmatia) und Barents-See. Heute in Skandinavien und Halbinsel Kola (Fennoskandien, Baltischer Schild) anstehend, in Osteuropa von jüngeren Ablagerungen verdeckt. Vorherrschend Gneise, Phyllite und andere Metamorphite, Granite, Konglomerate und Arkosen. *Laurentische Faltung* schuf die Svekofenniden (Ost-West-streichendes Gebirge). Mit Ende des unteren Algonkiums Faltung des Gotokareliden-gebirges (Nord-Süd-streichend). Die mittelschwedischen und lappländischen Eisenerzlager sind sedimentärer, metasomatischer oder vulkanischer Natur (Grängesberg, Gellivare und Kirunavare) und gehören ins Archaikum. In Schweden und Finnland Granit (Rapakiwigranit), Porphyr (Ostseeporphyr), Dalasandstein, Quarzite. In Südrußland die Podolisch-Asowsche Masse mit den Eisenerzen von Kriwoi Rog (Ukraine).

Viele skandinavische Gesteine häufig als Geschiebe der pleistozänen Vereisung in Norddeutschland anzutreffen.

Raum für Zusätze

Das Gegenstück zum Baltischen Schild bilden die kräftig gefalteten präkambrischen Schichten im nördlichen Schottland, auf den Hebriden und auf Island. In der Bretagne 3000 m Kieselschiefer und vulkanische Gesteine.

In Mitteleuropa älteste Gesteine in der Böhmischen Masse und ihrer Umrandung, im Eulengebirge, Fichtelgebirge, im Kyffhäuser und im Gerüst von Schwarzwald und Vogesen. Zwischen Laurentia und Fennosarmatia Anlage einer Geosynklinale im Raum Norwegen–England–Nordwesteuropa. *Assyntische Faltung* ist letzte große Faltung am Ende

132 des Algonkiums.

Orogenetische Phasen und Ären (nach H. Stille)

Neozoikum	Quartär		alpidische Ära	Geotektonische Spätzeit (Neogäikum)
	Tertiär	neogene Faltungen savisch pyrenäisch laramisch		
Meso-zoikum	Kreide	subherzynisch austrisch jungkimmerisch		
	Jura			
	Trias	altkimmerisch		
Paläo-zoikum	Perm	saalisch	variszische Ära	
	Karbon	asturisch sudetisch		
	Devon	bretonisch		
	Silur (Gotlandium)	jungkaledonisch takonisch	kaledonische Ära	
	Ordovicium	sardisch		
	Kambrium	assyntisch		
Algonkium	Jung-algonkium	konkipidisch	assyntische Ära	
		algonkischer Umbruch algomisch		Geotektonische Frühzeit (Protogäikum)
	Alt-algonkium	laurentisch		
Archaikum		?		

Gondwania. Zusammenhängende Festlandmasse der Südhalbkugel; Afrika ohne Atlasgebiet, Südamerika ohne Andengebiet (alte Masse Brasilia), Arabien, Südasien, Westaustralien, Antarktika. Im Paläozoikum nur randlich überflutet. Zerfall seit dem Perm. Herausbildung von Indik und Atlantik seit der Kreidezeit. Gesteine ähnlich denen des Baltischen und Kanadischen Schildes. Witwatersrandschichten (Konglomerate, Sandsteine, Quarzite) enthalten berühmte Goldlagerstätten (fossile Flußseifen). Mehrere Tillithorizonte, entsprechend den Vereisungen.

Raum für Zusätze

Angaria (Angaraland). Festlandbereich in Zentralsibirien von etwa gleicher Größe wie Fennosarmatia.

Sinia. Urkontinent in Südost- und Ostchina (Chinesische Tafel).

Philippinia. Urkontinent östlich der Philippinen, später versunken.

Entwicklung der Erde im Paläozoikum

Kambrium-Silur (kaledonische Ära)

Europa. Anhäufung mächtiger Schichtfolgen in der *kaledonischen Geosynklinale.* In Wales 8000–10000 m gut gegliederte Sedimente. Übergreifen des Meeres aus dem Trog gegen die verfestigten Ränder Ureuropas. Hierbei entstehende geringmächtige Ablagerungen später kaum verändert. (Blauer Ton von Estland heute noch plastisch.) In Norwegen mächtige Schieferserien, daneben grobklastische Gesteine, Sandsteine und Schiefer. Trogrand etwa bei Oslo. Im Silur (Gotlandium) Ausgreifen des Meeres nach Südschweden, Gotland und ins Baltikum. Im Geosynklinalraum (Westskandinavien, Südschottland, England) mächtige Sedimente mit vulkanischen Einlagerungen.

Im Ordovicium Beginn der *kaledonischen Faltung;* Hauptfaltung im Gotlandium (Ardennisch-Erische Phase). Ardennenraum noch mit einbezogen. Verfestigung des Nordteils als Brabanter Massiv; südlich davon Ausklingen der Faltung.

Die schon länger verfestigten Teile (Laurentia im Norden und Fennosarmatia im Nordosten) werden als Folge der Ausfaltung des Kaledonischen Troges zu einem neuen einheitlichen Nordkontinent verschmolzen. Er erscheint in der Folge als Altes Rotes Festland (Old Red-Land) im Norden von Mitteleuropa.

In Mittel- und Südeuropa weitere Entwicklung eines langsam sinkenden Meeresraumes in Verbindung mit einem großen im Süden gelegenen euroasiatischen Mittelmeer. Von England Meeresverbindung über Bretagne, Normandie und Montagne Noire in den Pyrenäenraum und auf die Iberische Halbinsel (Sierra Morena). Im Silur Ausgreifen des Mittelmeeres weit nach Süden in die Sahara. Aus dem böhmischen Raum Meeresverbindung über die Ostalpen und Südtirol nach Sardinien.

Raum für Zusätze

Das Überwiegen kalkiger Ablagerungen sowie oolithischer Eisenerze (Böhmen, Spanien) läßt auf warm-trockenes Klima schließen. (Zur Einzelentwicklung in Mitteleuropa vgl. S. 67 f.)

Amerika. In Nordamerika Ausbildung zweier deutlicher Geosynklinaltröge rings um den Urkontinent (Appalachentrog, Felsengebirgstrog). In den Trögen Anhäufung mächtiger Sedimente. Verbindung nach Westen zum Urpazifik, nach Osten, durch eine Schwelle getrennt, Verbindung zum atlantischen Bereich. Beide Tröge sinken rasch.

Im Silur auch hier Ausgreifen des Meeres auf die angrenzenden Räume (geringmächtigere Flachmeerablagerungen). Im Appalachentrog zwischen Ordovicium/Gotlandium erste Faltung in der takonischen Phase der kaledonischen Faltung. Niagarakalke sind Obersilur.

Als Folge der Faltung Rückzug des Meeres und Eindampfungserscheinungen. In Nordamerika, Grönland und Spitzbergen verbreitete *Vereisungsspuren*.

Südkontinente. Auf der Südhalbkugel Fortdauer der zusammenhängenden ausgedehnten alten Masse „Gondwanaland" von Südamerika über Afrika, Indien nach Australien. Nördlich davon eine durchgehende Meeresverbindung zwischen Pazifik und atlantischem nördlichen Meer.

Randliches Übergreifen des Meeres auf die Festländer: aus der Andengeosynklinale auf das Brasilische Land, nach Nordwestafrika (Sahara), Südafrika (Tafelbergsandstein), Neuseeland und Ostaustralien.

Auf dem ganzen Südkontinent verbreitete Spuren einer *Vereisung*. Bei nur geringen Klimaunterschieden weltweit gleichartige Ablagerungen und Lebensverhältnisse.

Asien. In Nordasien teilweise Überflutung von Sibirien und Angaraland. Auch hier verbindet die kaledonische Faltung die einzelnen Urschollen. *Vereisungsspuren* in Sibirien.

Devon-Perm (variszische Ära)

Europa. Schon im Silur Auflösung des kaledonischen Gebirges, schreitet im Devon fort. Das große Becken des euroasiatischen Mittelmeers südlich des Old Red-Landes zerfällt in verschiedene Einzeltröge mit kleinen Becken- und Schwellenräumen unterschiedlicher Fazies. Große Mannigfaltigkeit der Schichten bei weitgehender Übereinstimmung der Verhältnisse im ganzen.

Seit dem Unterdevon zunehmendes Vordringen des Meeres. Ausgehend von inneren Ardennen Einbeziehung zunächst der äußeren Ardennen, dann der angrenzenden Gebiete im Osten und Süden (Erweiterung und Verlängerung des neuen Troges).

Im Mitteldevon werden Thüringen, der Rand Böhmens und das Polnische Mittelgebirge vom Meer überflutet. Ausgreifen der Transgression gegen den Old Red-Kontinent, begleitet von kräftigem Vulkanismus sowohl im Meer als auch auf dem Festland. Gegen Ende Devon beginnende Faltung (bretonische Phase der *variszischen Ära*). Ablösung eines rasch sinkenden Nordtroges (variszische Geosynklinale mit mehreren tausend Metern Sedimenten) und Trennung vom südlichen Mittelmeer, der „Tethys". Heraushebung der Alemannisch-Böhmischen Schwelle. In Ardennen, Bretagne, Pyrenäen, Balearen, Südspanien und Sardinien bis nach Nordafrika vorwiegend Entwicklung in „rheinischer" Fazies (S. 68ff.). Im nördlichen Böhmen, im Polnischen Mittelgebirge und in den Karnischen Alpen Kalke und Mergel geringerer Mächtigkeit. Böhmen gegen Ende des Oberdevons landfest.

Raum für Zusätze

Innerhalb der variszischen Geosynklinale allmähliche Aufwölbung einer Mitteldeutschen Schwelle. Im Süden Fortbestand der Alemannisch-Böhmischen Insel. Von allen Hochgebieten aus ständige Schüttung von Ablagerungsmaterial in die rasch sinkenden Tröge. Dabei weithin gleichartige charakteristische Ausbildung der Schichten.

Im Unterkarbon Kulmausbildung (S. 68), vor allem linksrheinisch, ferner im Unterharz, in Sachsen, Schlesien, Sudeten bis nach Galizien und Mähren. Kohlenkalkfazies (S. 68) rechtsrheinisch, im Oberharz, im Oberrheingebiet und den Vogesen, in England, Schottland (hier schon mit ersten Flözen) und in Irland. Beide Arten der Fazies in Grenzgebieten miteinander verzahnt. In mehreren Abschnitten Entstehung des *variszischen Faltengebirgssystems*. Dabei große Faltenbögen gegen das verfestigte Nordeuropa gerichtet.

Faltenbögen vom Armorikanisch-Bretonischen Massiv im Nordwesten (Nordfrankreich, Bretagne, Südengland, Südirland) nach Osten zum variszischen Bogen im engeren Sinne in Mitteleuropa verlaufend. Zunächst von Südwesten nach Nordosten, östlich der Elbe umbiegend in neue Richtung Nordwesten nach Südosten (neue *herzynische Richtung* der Faltenachsen). Von beiden Flanken nach Süden Zusammenlaufen der Falten zu einer mächtigen Scharung mit dem Kern etwa im französischen Zentralplateau. In Schlesien Teilung in zwei Äste (Sudeten und Polnisches Mittelgebirge).

Innenvariszikum umfaßt die bis zum Beginn des Oberkarbons bereits gefalteten inneren Teile der alten Variszischen Geosynklinale. Nach kräftiger Heraushebung sofort Abtragung des Gebirges und Ausbildung großer festländischer Schwellen- und Beckenzonen in Richtung der Faltenachsen. Kein Meereseinbruch, sondern Flözbildung aus rasch aufwachsenden Wäldern in versumpfenden Binnenbecken (limnische Flözbildung). Dazu gehörig: Saartrog (Toul-Saargebiet), Saaletrog (Saale-Sachsen-Erzgebirge), Sudetenbecken, Böhmisches Becken, Becken im französischen Zentralplateau, weitere kleinere Tröge.

Subvariszikum umfaßt die hauptsächlich im Oberkarbon rasch abgesunkene nördliche Vortiefe. Hauptfaltung in der asturischen Phase.

Raum für Zusätze

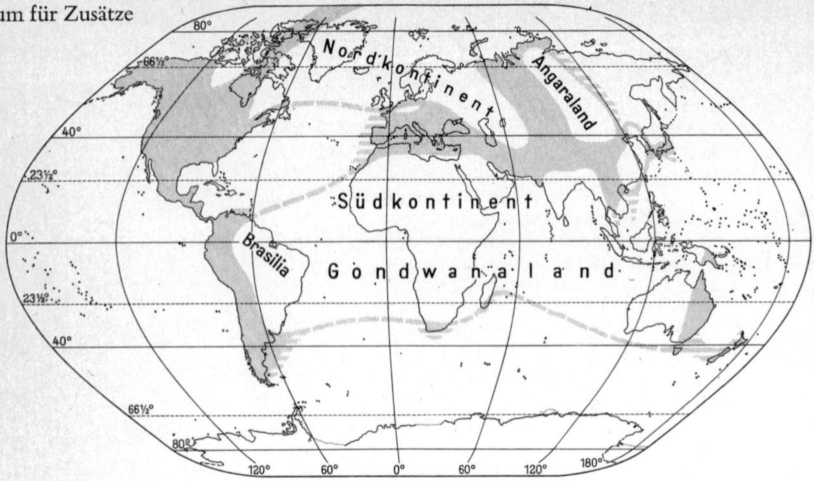

Verteilung von Land und Meer im Devon (nach Brinkmann, Schmidt u.a.)

Nach anfänglicher Meeresentwicklung (flözleere Schichten) Übergang zu festländischer Entwicklung bei wiederholten Meereseinbrüchen unter Ausbildung einzelner Tröge. Eindringen des Meeres von Norden. Ausbildung paralischer Flöze. Hierzu gehörig: Rheinland-Westfalen, Aachener Bezirk, belgisch-nordfranzösischer Bezirk (Lüttich-Douai-Boulogne). Am Außenrand Begrenzung durch den alten Block des Brabanter Massivs. Ausklingen nach Norden in England und Schottland. Im Bereich des alten Nordkontinents Auslaufen der Faltung. Auflösung in eine Reihe von Binnen- und Randsenken mit mächtiger Kohlebildung. In Oberschlesien schwächere Faltung, aber starkes Absinken mit kräftiger Flözentwicklung.

Auf der russischen Tafel flache Meeresbedeckung. In Randbereichen Kohlebildung (Donezbecken, Umgebung von Moskau).

Im Süden Europas, im Mittelmeerbereich und in den Alpen nach Teilnahme an den Bewegungen der variszischen Faltung keine Verfestigung, sondern erneut Einbeziehung in das große Meeresbecken der Tethys. In Nordspanien im Oberkarbon Kohlenflöze.

Im Gebiet des großen Nordkontinents (England, Skandinavien, Spitzbergen, Grönland, Baltikum) mächtige bunte festländische Sedimente: Sandsteine, Konglomerate, Schiefer mit Landpflanzen, Fischen und Süßwassermuscheln. Weithin Wüstenbildungen, gelegentlich unterbrochen durch Meeresvorstöße.

Raum für Zusätze

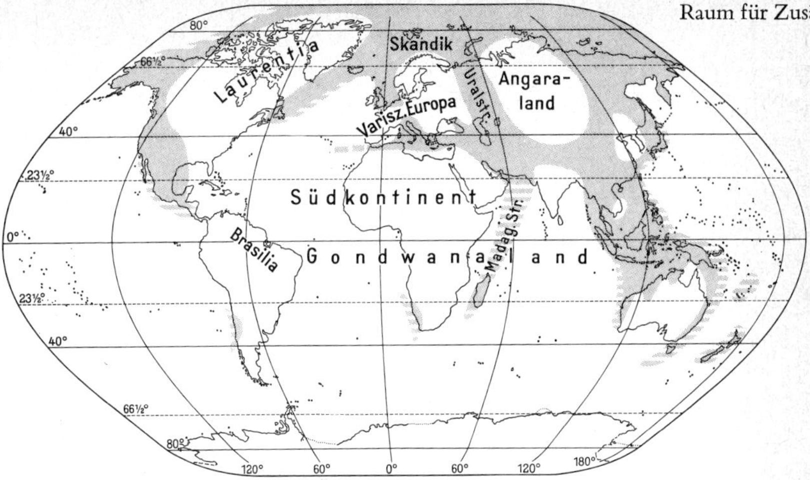

Verteilung von Land und Meer in der Permzeit
(nach Brinkmann, Schmidt u.a.)

Das Vorhandensein ausgedehnter Festlandsräume von Bedeutung für die Entwicklung der Tier- und Pflanzenwelt. Am Ende der variszischen Ära Hauptteil der alten Armorikanisch-Variszischen Geosynklinale im Norden mit den bereits bestehenden älteren Schollen fest verbunden (*Mesoeuropa*).

Im Perm zunächst noch Nachwirken der Entwicklung im ausgehenden Karbon. Südlich des ausgedehnten Festlandes mit eingelagerten Becken- und Schwellenzonen alter Faltenrichtungen zunehmend deutliche Ausprägung einer neuen Geosynklinalzone; sie ist Ausgangsbereich der späteren alpidischen Faltung. Mit Beginn der Zechsteinzeit Andeutung neuer Richtungen (rheinische Richtung SSW-NNO). Dabei Vordringen eines Ausläufers des im Norden gelegenen *Skandik* nach England und Nordwestdeutschland (Germanisches Becken).

Allmähliche Herausbildung einer Schwächezone von Südnorwegen bis zum Mittelmeer. Meeresstraße zwischen einer westlichen Masse (Rheinische Masse und Gallisches Land) und einer Vindelizischen Masse im Südosten. Im Rotliegend in den Senkungszonen mächtige, auf Schwellen geringere Ablagerungen. Gesteine meist Konglomerate und Sandsteine mit starker Rotfärbung (arides Klima). In Senken auch Schiefertone. Allmähliches Abklingen der Kohlebildung.

In Frankreich im Zentralplateau Randgebiet der Tröge von Creusot und Autun. In England und Schottland rote Sandsteine des New Red mit Gips und Salz.

Raum für Zusätze

Während des Rotliegenden (Unterperm) sehr weit verbreitet mächtiger Vulkanismus mit Ergüssen größter Ausdehnung (hauptsächlich Quarzporphyre) vorwiegend in den Beckenräumen. Im Alpenbereich auf festländischem Boden ebenfalls starker Vulkanismus, z.B. Porphyre von Südtirol (Sockel des Schlern 1000 m). Meeresablagerungen als Randgebiete des großen Südmeeres in ganz Südeuropa von Zypern bis zu den Pyrenäen.

Im Zechstein (Oberperm) in Nordmitteleuropa Entwicklung des Germanischen Beckens in Nordwestdeutschland (S. 71) mit einem rheinisch (NNO-SSW) und einem baltisch (O–W) gerichteten Ausläufer. Tiefstes des Beckens in Nordwestdeutschland. Durch Abschnürung Bildung der Salzlagerstätten (Steinsalz und Kalisalze). In England mächtige Steinsalzlager, aber keine Kaliflöze.

In Osteuropa Ausbildung der Permstufe in klassischer Form (mehr als 5000 m Ablagerungen im Unterperm der Uralvortiefe). Abschnürung und Salzausfällung (im Hauptsenkungsgebiet 100 m Kaliflöz). Nach Abschluß der variszischen Gebirgsbildung (pfälzische Phase) Verlandung und Verschwinden der Uralstraße.

Nordamerika und Nordasien. Vom Devon ab ausgedehntes Festland vom Kanadischen Schild (New York) über Grönland, Teile der Arktis, Skandinavien zur russischen Tafel und nach Sibirien. Dazwischen Ausbildung eines tiefen *Uraltroges.* Von dort aus zeitweise Transgression auf die russische Tafel, nach Zentralasien, China, Japan.

Kohlebildung verbreitet auf der russischen Tafel, im Moskauer Becken, in Zentralasien bei Kusnetzk und in Nordchina.

In Nordamerika Hauptfaltung der Appalachen zu Beginn des Karbons in der bretonischen Phase. Wie in Europa Verlagerung der Senkungszone in die Vortiefen. 3000 m Sediment mit Kohlenflözen. Anfaltung der Saumtiefen in der asturischen Phase, dann Verlegung des Troges in die Randgebiete.

Im Perm zusammenhängendes Festland. Binnenbecken mit zeitweiliger Austrocknung und Bildung von Salzlagerstätten. In Nordasien durch Anlagerung von Faltengebirgen Entstehung eines ausgedehnten *Angaralandes;* anfangs von der russischen Tafel noch durch die tiefe Uralsenke getrennt. Von dort aus mehrfache Meeresvorstöße. Beginn der Uralfaltung im Oberkarbon; Hauptfaltung im Perm, in der saalischen Phase. Landfeste Verbindung zwischen Europa und Angaraland. Aus einem arktischen Ozean (Skandik) im Oberperm Vordringen des Meeres nach Mitteleuropa (*Zechsteinmeer*), nach Osteuropa und Nordamerika. In Nordamerika Endfaltung der Appalachen ebenfalls in der saalischen Phase. Weitgehende Verlandung.

Südkontinente. Fortbestehen des „Gondwanalandes“ und des zentralen euroasiatischen Meeres der Tethys. Südamerika zeitweise ganz landfest. In Afrika Teile des Nubischen Sandsteins. In Australien gegen Ende des Oberkarbons *Vereisungsspuren.*

Nördlich und südlich der Tethys viele kleine variszische Tröge. Gegen Ende der Permzeit Beginn der Auflösung des Gondwanalandes. Allmähliche Trennung von Brasilien und Afrika (Anlage des Atlantik). Öffnung einer Madagassischen Straße (Vorbereitung der Trennung von Afrika, Madagaskar [Lemuria] und Indien).

Raum für Zusätze

Aus allen Südkontinenten kontinentale Ablagerungen bekannt. In Indien Gondwanaschichten mit deutlichen Vereisungsspuren und kohleführenden Ablagerungen. In Australien aus dieser Zeit ebenfalls deutliche Anzeichen von Vereisung nachweisbar. In Südafrika mächtige kontinentale Ablagerungen der Karruformation (mehr als 5000 m); an der Basis sehr verbreitet Gletscherspuren, Moränen usw. (Dwyka-Tillit). Festländische Ablagerungen auch im östlichen Südamerika (Argentinien, Paranábecken).

Zwischen Nord- und Südkontinent die ausgeprägte *Tethysgeosynklinale*. Von ihr ausgehend weitere Geosynklinalzonen rings um den Pazifik (nordwärts über Japan, Ostsibirien, Alaska, nordamerikanische Kordillere, südwärts über Neuseeland, Antarktis zur Andengeosynklinale).

Anlage der Tröge für die späteren weltweiten alpidischen Faltungen.

Entwicklung der Erde im Mesozoikum

Trias

Europa. Mittel- und Westeuropa weitgehend festländisch. Im Süden und Südosten *Tethysgeosynklinale*. Von Norden, später auch aus dem Südmeer gelegentliche Verbindung des Germanischen Beckens mit den offenen Ozeanen.

Zwischen Rheinischer Masse und Gallischem Festland im Westen Öffnung der marinen Eifelstraße. Zwischen Rheinischer Masse und Böhmisch-Vindelizischer Masse Meeresverbindung durch die Burgundische Pforte und das Rhônebecken nach Süden. Weitere Ausprägung der Schwächezone der Mittelmeer-Südnorwegen-Furche. Fortsetzung der Vindelizischen Masse nach Süden in Richtung Korsika und Sardinien. Im Osten Öffnung der Oberschlesischen Straße von der Tethys nach Norden. Ganz Osteuropa weitgehend landfest. Gegen Ende der Trias Rückzug des Meeres im Norden und Verlegung der tieferen Beckenbereiche nach Süden.

Im Bereich der Inseln, Becken und Meeresstraßen im mitteleuropäischen Raum Entwicklung in der Ausbildung der Germanischen Trias (vgl. Seiten 71 f. und 93). Jeweils im Buntsandstein, im mittleren Muschelkalk und im unteren Keuper starke Verlandung mit Eindampfungserscheinungen (Salz- und Gipslager) und wüstenhaften Landschaften. Im oberen Keuper (Rhät) zunehmende Meeresüberflutung.

Gleiche Entwicklung wie in Deutschland außerhalb der Alpen im östlichen Frankreich (Provence, Rhônebecken), in Spanien bis nach

Raum für Zusätze

Nordafrika. In England Randgebiet noch mit roten Ablagerungen des Oberen New Red. Südschweden marin, Bornholm festländisch. In der Schweiz Helvetische Trias, verkümmerte Schichtfolge gleicher Art.

Demgegenüber im Senkungsraum der Geosynklinale überwiegend Meeresablagerungen: Riffkalke, Dolomite. Bei kurzzeitiger Verlandung auch hier Salzlager (Salzkammergut) und kleinere Kohlenflöze; eigene Entwicklung der Alpinen Trias (S. 121). In tieferen Becken der Südalpen stärkerer *Vulkanismus*, von dort Fortschreiten in die Nordalpen. Ähnliche Entwicklung in den Karpaten, in Griechenland, im Kaukasus, in den Randgebieten Italiens und auf Sizilien.

Nordkontinente. Im Bereich des Angaralandes in Innerasien kontinentale Schichten mit Vulkanismus in den jüngeren Partien. In Nordamerika außerhalb der Geosynklinale des Westens ebenfalls festländische Ausbildung. Bunte Gesteine in wechselnden Beckenräumen. Diabasergüsse (Palisaden des Hudson).

Südkontinente. Im ganzen Gondwanabereich Fortsetzung der mächtigen festländischen Serien seit der Permzeit. Gewaltige vulkanische Ergüsse in Südafrika (Drakensberg-Basalte), in Brasilien (Paranábecken 800000 km² Ausdehnung) und in Indien.

Im Bereich der Tethys weit verbreitet Riffkalke. In den rings um den Pazifik verlaufenden Geosynklinaltrögen Schiefer und Sandsteine.

In der oberen Trias vielfach Rückgang des Meeres, festländische Ablagerungen, Kohlebildung und verbreitet porphyrische Ergüsse und Tuffe (Neuseeland, Japan, Ostsibirien, Alaska, Kordilleren und Anden Amerikas). Weltweit ausgeglichenes, meist trockenes Klima.

Erste unbedeutende Faltungsvorgänge der alpidischen Ära (altkimmerische Phase) schwach bemerkbar in der oberen Trias. Anschließend weitausgreifende Überflutung der Rhätstufe.

Jura

Europa. In Mitteleuropa Erweiterung und Erneuerung der Meeresverbindung nach Süden (Burgundische Straße) und nach Norden. Rheinischer und Baltischer Trog des Germanischen Beckens weiterhin absinkend. Ausdehnung der Baltischen Straße zwischen Mitteleuropa und Skandinavien im mittleren Jura nach Osten bis zur Vereinigung mit einem aus Osteuropa vordringenden Meer. Im Westen Überflutung des Gallischen Landes.

Rest der Ardenneninsel durch Eifelstraße von der Rheinischen Masse getrennt, diese durch die Hessische Straße vom Herzynisch-Böhmischen Festland geschieden. Zusammenschluß dieser Inselwelt im oberen Jura zu einer mitteleuropäischen Landbrücke. Dadurch Trennung eines kühleren nördlichen Meeres von der südlichen Entwicklung mit Verbindung zur Tethys. Allmähliches Verschwinden der Vindelizischen Schwelle.

Raum für Zusätze

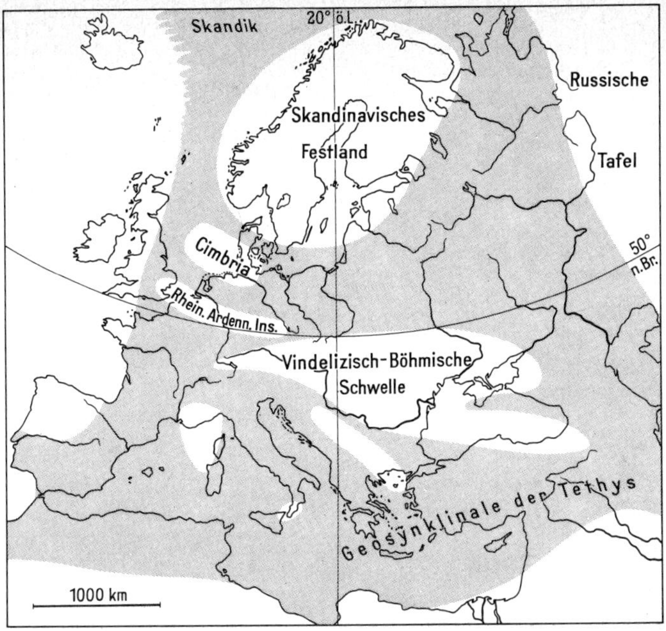

Verteilung von Land und Meer im Jura
(nach Brinkmann, Schmidt u.a.)

Infolge der jungkimmerischen Bewegungen (Deister- und Osterwaldphase) weitgehende Verlandung Mitteleuropas und Schließung der Baltischen Straße. Im Nordseeraum taucht das Cimbrische Land auf. Einengung des Meeres auf die schmale Osnabrücker Straße. Verhältnisse zwischen den Inseln ähneln etwa dem heutigen indonesischen Archipel.

Östliches Mitteleuropa, Ostdeutschland und Polen anfangs noch landfest. Im Mitteljura zunehmende Überflutung. Skandinavien bleibt Festland.

Ausbildung eines anglo-gallischen Senkungsgebietes mit der Küste etwa in der Bretagne, Cornwall, Wales und Irland im Westen und der Rheinisch-Ardennischen Masse im Osten. Ablagerungen entsprechen den deutschen Verhältnissen. Wechselnde Verteilung von Becken und Schwellen in Lothringen, im Französischen und Schweizer Jura. In küstennahen Bereichen Eisenerzoolithe (Lothringer Minette). Im mittleren und oberen Jura stärkeres Vordringen des Meeres, wobei französisches Zentralplateau als Insel erhalten bleibt.

Raum für Zusätze

In Osteuropa Anlage mehrerer Verbindungswege aus dem Kaukasusbereich nach Norden zur Baltischen Straße; später wieder geschlossen.

Nordkontinente. Vordringen des Meeres aus der Arktis gegen Osteuropa. Alte Uralstraße vorübergehend wieder geöffnet. Verbindung mit der Tethys. Weites Übergreifen des Meeres auf Angaraland. In seinem Innern Fortsetzung der umfangreichen festländischen Baikalserie (Perm-obere Kreide).

In Nordamerika erste große Faltung der Westketten (Sierra Nevada) und der Kordilleren (jungkimmerische Phase); dabei Eindringen von gewaltigen Magmamassen (Längsausdehnung über 2000 km), sog. Pacific Revolution. Die übrigen großen Tröge bleiben noch unberührt.

Südkontinente. Gondwanaland endgültig in Auflösung begriffen. Von der Madagassischen Straße aus Vordringen des Meeres nach Indien, Arabien und Nordostafrika. In festländisch gebliebenen Bereichen Ablagerungen in weiten Becken (Tendaguruschichten Ostafrikas, mit riesigen Landsauriern).

Auch Südasien, Ceylon und Australien überwiegend festländisch.

Tethysgürtel umfaßt – ausgehend von Westeuropa – einen breiten Streifen der späteren jungen Faltengebirge. Über Kleinasien, Krim, Kaukasus, iranische Ketten, Afghanistan, Hochland von Pamir, Himalaya, Indochina, Indonesien Verbindung zu den Randgeosynklinalen des Pazifik. In der Geosynklinale Fortdauer der Senkung. Zunehmend Tiefseeablagerungen. Untermeerischer Vulkanismus mit grünen basischen Gesteinen. Steile Böschungen der Küsten.

Einbeziehung der Westalpen, Italiens (Ligurien, Toskana), der Karpaten, des Dinarischen Gebirges, des Kaukasus und der Krim.

Kreide

Europa. Zunächst Rückzug des Meeres und Bildung von Süßwasserbecken in Nordfrankreich, England und Nordwestdeutschland (Wealdenstufe). Dann erneutes Vordringen des Meeres aus dem Nordseeraum (Yorkshiremeer) nach Norddeutschland und aus Innerrußland in den polnisch-ostdeutschen Raum. Vordringen des Meeres in breiter Front gegen die mitteleuropäische Landbrücke. Überflutung weiter Gebiete der alten Massen (Rheinische Masse, Westfalen, Sachsen, Böhmische Masse, Schlesien). Meeresausläufer gelangen über die Regensburger Straße (im Süden der Böhmischen Masse) bis nach Süddeutschland. Festland Cimbria verschwindet. Baltische Straße erneut geöffnet (Mittelschweden, Bornholm, Estland).

In Westeuropa Vorrücken des Meeres gleichzeitig von Norden und Süden. Entstehung einer zusammenhängenden Verbindung von der Rhônefurche über Seine – Somme in das anglo-gallische Becken; von dort aus in Frankreich und England Übergreifen auf die Beckenränder (Pariser Becken, Londoner Becken).

Im Bereich der großen Geosynklinale Beginn der großen *Alpenfaltungen* zwischen Unter- und Oberkreide (austrische Phase). Davon werden die nördlichen Ostalpen, der Kern der Westalpen und des Dinarischen Gebirges erfaßt. Verlagerung der Tröge in die schmalen, weiterhin sinkenden Saumtiefen. Mächtige Schüttung durch Abtragung der neu gehobenen und gefalteten Gebirge. Im gesamten Bereich Ablagerungen in wechselnden Tiefen.

Raum für Zusätze

Nordkontinente. In Nord- und Osteuropa Überflutung wieder ausgehend von der Uralsenke. Von der Arktis jetzt drei Straßen nach Süden zur Tethys: Mitteleuropa, Uralstraße und westsibirische Straße östlich des Urals. Moskauer Becken zeitweise ganz überflutet. Angaraland in Randbereichen erfaßt, im Innern Fortdauer der jetzt festländischen Baikalserie, beginnende Austrocknung (Gobischichten).

In Nordamerika Hauptablagerungen nach der vorangegangenen Kordillerenfaltung nun im Trog des Felsengebirges. Von dort Übergreifen des Meeres gegen die Appalachen und den Golf von Mexiko. Am Ende der Kreide Rückzug des Meeres, Aufwölbung und Faltung des Felsengebirges in mehrere Einzelphasen. Laramische Revolution. Ablösung Grönlands vom Kanadischen Schild.

Allmählich zunehmende Gebirgsbildung erfaßt auch die inneren Teile der großen, rings um den Pazifik verlaufenden Tröge, verschmälert sie und schafft neue jüngere, rasch sinkende Saumtiefen.

Südkontinente. In Südamerika Faltung des Andengebirges. Danach Südamerika etwa im heutigen Umriß vorhanden. Gebirgsbildung im heutigen Nord- und Südamerika von sehr starkem Vulkanismus begleitet.

Afrika im Norden ebenfalls von der großen Überflutung aus dem Tethysbecken erfaßt. Übriges Afrika in seinen heutigen Umrissen festländisch, ebenso auch Madagaskar und Südasien. Deutlich abgezeichneter Atlantischer Ozean.

Klima gegen Ende der Kreide deutlich kühler als im ausgehenden Jura. Jahreszeitwechsel an Jahresringen der Bäume erkennbar.

Entwicklung der Erde im Neozoikum

Tertiär

Europa. Im Alttertiär mehrere Meeresvorstöße aus dem Nordseeraum. Dabei Vordringen über Dänemark – Südschweden und Pommern in den westlichen Ostseeraum und nach Süden und Westen in das Londoner, Pariser und Belgische Becken.

Vorübergehend Herstellung einer Meeresverbindung durch die schmale Hessische Straße zum Mainzer Becken und zum Oberrhein; dadurch Anschluß an die Rhônefurche und das Tethysmeer. Durch Ausgriff des Meeres nach Osten auch kurzzeitige Öffnung der Baltischen Straße. Dann weitgehend Rückzug auf die heutigen Küstenlinien.

Tektonische Gliederung Europas

Im festländischen Bereich in den Senkungszonen Versumpfungen mit mehrmaliger Bildung von Braunkohlenflözen.

Starke Auswirkung der Alpenfaltung auf die älteren Gebiete Mitteleuropas durch Zerlegung in Bruchschollen, Ausbildung von Grabenzonen mit raschem Absinken und Anhäufung mächtiger Ablagerungsfolgen entlang alter Schwächezonen (Mittelmeer – Südnorwegen über Rhône, Oberrhein, Hessische Senke, Leinetal).

Stärkster Vulkanismus seit dem Ende der variszischen Ära, hauptsächlich in West- und Süddeutschland, Böhmen, Schlesien, Schottland, Irland bis Island.

Raum für Zusätze

Ablagerungen überwiegend unverfestigt. Vielfach Sumpf- und Süßwasserabsätze. Austrocknungsspuren (Gips). Eingelagerte Tuffe und Aschenlagen der Vulkanausbrüche. Allmähliche Ausformung der heutigen Landschaftsgroßformen.

Abschluß der alpidischen Gebirgsbildung in mehreren Phasen. Entblößung der bereits gebildeten zentralen Ketten bis auf den kristallinen Kern. Einbeziehung der Saumtiefen unter Anfaltung an die Innenketten. Rückzug des Meeres in die verbleibenden schmalen Randsäume, zunächst noch in Verbindung mit dem offenen Meer, später als Süßwasserbecken. Ausfüllung mit dem Schutt der neu entstandenen Alpen. Zuletzt Übergreifen der Faltung auch auf die Randsäume und Übergang zu gleichmäßiger, ruhiger, weit verbreiteter Ablagerung von Schottermassen.

Im Wiener Becken längeres Andauern der Saumtiefenverhältnisse. Im Süden der Alpen Posenke als Vortiefe allmählich durch Abtragungsschutt aufgefüllt (Adria). In Spanien Pyrenäenfaltung und anschließende Verlandung der Restbecken (Ebrobecken, Salzlager).

In Südosteuropa Plattensee, Schwarzes Meer, Kaspisches Meer und im Osten der Aralsee Reste der nach der Faltung allmählich verlandenden Saumtiefenbereiche.

Gliederung des Tertiär und Phasen der alpidischen Ära

Pleistozän			
Neogen (Jungtertiär)	Pliozän	Oberpliozän Mittelpliozän Unterpliozän	Wallachische Phase Rhodanische Phase
			Attische Phase
	Miozän	Obermiozän Mittelmiozän Untermiozän	Steirische Phase
			Savische Phase
Paläogen (Alttertiär)	Oligozän	Oberoligozän Mitteloligozän Unteroligozän	
	Eozän	Obereozän Mitteleozän Untereozän	Pyrenäische Phase
	Paläozän	Oberpaläozän Mittelpaläozän Unterpaläozän	
			Laramische Phase
Kreide			

Raum für Zusätze

In Südeuropa, Südosteuropa und Nordafrika (Atlas, Rif) durch Faltung des Hauptteils der alpidischen Geosynklinale Anschluß der jungen Faltengebirge an das ältere Gerüst der Kontinente.

Übrig bleibt als Rest der alten Tethys der vielfach von Brüchen zerlegte und in seinem Aussehen auch heute noch in Veränderung begriffene Mittelmeerraum.

Europa und Asien: Endgültiger Zusammenschluß beider Kontinente durch Verschwinden der westsibirischen Senke. Auch hier Einengung und Ausfaltung der verbliebenen Geosynklinalräume zwischen dem innerasiatischen Festland und Südasien sowie in den pazifischen Randgebieten. Im Nordwesten Indiens über 500000 km² vulkanische Deckenergüsse (Dekhan-Trapp bis 2000 m mächtig).

Nord- und Südamerika: Starker, anhaltender Vulkanismus (Columbia-Plateau, Colorado-Plateau). Bewegungen im pazifischen Randgebiet dauern bis in die Gegenwart (Japan, Indonesien).

Endgültiges Verschwinden des Meeres aus Nordafrika. Zerfall der alten Gondwanalandmasse setzt sich fort in den Aufspaltungen der großen afrikanischen Grabenbrüche. Sie werden von vulkanischen Ergüssen begleitet.

Quartär

Weltweite Vereisungserscheinungen. Hauptverbreitung auf den großen geschlossenen Flächen der Nordhalbkugel. Inlandeiszentren in Skandinavien, Grönland, Island und im Raum des Baltischen Schildes. In allen Hochgebirgen kleinere Vergletscherungen infolge allgemeinen Absinkens der Schneegrenze. Größte Vergletscherung im Bereich reichlicher Niederschläge. Daher Ostgrenze der Vereisung etwa in Westsibirien.

Europa: Hauptnährgebiet der Gletscher in Skandinavien (Norwegen – Schweden – Finnland). Von hier Vordringen der Vereisung in den erneut sinkenden Raum der früheren Baltischen Straße (Ostseeraum) bis zur Linie Rheinmündung – Mittelgebirge – Karpaten. Starke Ausräumung im Nährgebiet und Ablagerung der Schuttmassen durch das abschmelzende Eis im nördlichen Mitteleuropa (vgl. Norddeutschland S. 76ff.).

Weiteres Vereisungszentrum Nordschottland mit Gletscherströmen nach Irland und in die Nordsee. Zeitweises Zusammenfließen der großen Eismassen.

In Osteuropa Inlandeis aus Nordskandinavien, von der Halbinsel Kola und dem nördlichen Ural zusammenfließend. Mindestens 3, im Alpengebiet 4 Vereisungen feststellbar.

Nordamerika: Zentren der Nährgebiete auf dem Kanadischen Schild westlich der Hudsonbai, in Labrador und den nördlichen Kordilleren. Vier Vereisungen mit zwischengeschalteten Warmzeiten, wie in Europa.

Versuch einer Parallelisierung des Quartärs verschiedener Gebiete (nach Woldstedt, v. Bülow u. a.)

	Alpen	Norddeutschland und Thüringen	England	Polen	Osteuropa	Nordamerika	Frankreich und Mittelmeerküste keine glazialen Ablagerungen
Pleistozän	Würm-Vereisung { Würm III, Würm II, Würm I }	Weichsel-Vereisung { Pommersches Stadium, Frankfurter Stadium, Brandenburger Stadium }	Mecklenburgian	Varsovien II	Waldai-Vereisung	Wisconsin-Vereisung	Moustérien
	Riß-Würm-Interglazial	Unstrut-Interglazial (Eem-Interglazial)		Masovien II		Sangamon	
	Riß-Vereisung Jungriß	Saale-Vereisung	Polonian	Varsovien I = Glaciation Centrale	Moskau-Vereisung Dnjepr-Vereisung	Illinois-Vereisung	Tyrrhénien
	Mindel-Riß-Interglazial	Orla-Interglazial (Holstein-Interglazial)		Masovien I		Yarmouth-Interglazial	
	Mindel-Vereisung	Elster-Vereisung	Saxonian	Cracovien = Glaciation Karpathique	Lichwin-Vereisung	Kansas-Vereisung	Milazzien
	Günz-Mindel-Interglazial	Ilm-Interglazial (Cromer-Interglazial)		Sandomirien	Masovian	Aftonian	
	Günz-Vereisung	Elbe-Vereisung „Baltische" Vereisung	Scanian	Jaroslawien	Lichwin-Vereisung Bakinische Vereisung	Nebraska-Vereisung	Sizilien
	Präglazial						
	Tertiär						Astien

Raum für Zusätze

Am Eisrande Bildung ausgedehnter, zeitweise mit dem Meer verbundener Eisstauseen. Nach Hebung des Landes verbleiben als Reste die Großen Seen.

Zeitweise bestehender Landzusammenhang zwischen Nordasien und Nordamerika geht gegen Ende des Pleistozäns verloren. Außerhalb der Vereisungsgebiete vielfache Verlagerung der Flußläufe und Strandlinien durch Hebung und Senkung des Meeresspiegels bzw. des Festlandes. Im Periglazialgebiet starke Frost- und Frostwechselwirkung. In Sibirien und Nordamerika Gefrornis des Bodens bis in 200–300 m Tiefe. Ablagerung von Löß, Bildung von Strukturböden usw. Allgemeine Verschiebung der Niederschlagsgrenzen in die Trockengebiete. Dadurch niederschlagsreiche Perioden (Pluvialzeiten) mit starker Wirkung in den heute durch arides Klima gekennzeichneten Räumen (Sahara, Arabien).

Fortdauer der älteren Bewegungsvorgänge an Begrenzungslinien der Bruchschollen und innerhalb der Gebirgskerne.

Nach dem endgültigen Verschwinden des Eises junge Geschichte der Küstenentwicklung. Weitere Verlandung der verbliebenen Restmeere. Rückgang des Vulkanismus auf das heute bekannte Ausmaß. Allmählicher Übergang zum gegenwärtigen Klima.

Literatur

Berg, H.: Einführung in die Physik der festen Erde. Stuttgart 1949

Beringer, C. Ch.: Geschichte der Geologie und des geologischen Weltbildes. Stuttgart 1954

Beringer, C. Ch., und Murawski, H.: Geologisches Wörterbuch. Stuttgart 1963

Beurlen, K.: Welche Versteinerung ist das? Stuttgart 1966

Börner, F.: Welcher Stein ist das? Stuttgart 1965

Brinkmann, R.: Abriß der Geologie. Begründet durch E. Kayser. Bd. 1: Allgemeine Geologie. Bd. 2: Historische Geologie. Stuttgart 1967/1966

Bubnoff, S. v.: Grundprobleme der Geologie. Halle 1950

Bubnoff, S. v.: Einführung in die Erdgeschichte. 2 Teile. Halle 1950

Bülow, K. v.: Geologie für jedermann. Eine erste Einführung in geologisches Denken, Arbeiten und Wissen. Stuttgart 1964

Cadisch, J.: Geologie der Schweizer Alpen. Basel 1953

Cloos, H.: Einführung in die Geologie. Berlin 1963

Cloos, H.: Gespräch mit der Erde. Geologische Lebensfahrt. München 1968

Dorn, P.: Geologie von Mitteleuropa. Stuttgart 1966

Die Entwicklungsgeschichte der Erde. Von K. v. Bülow u.a. Leipzig 1962

Ganssen, R.: Bodengeographie mit besonderer Berücksichtigung der Böden Mitteleuropas. Stuttgart 1957

Lieber, W.: Der Mineraliensammler. München 1963

Lieber, W.: Mineralogie in Stichworten. Kiel 1969

Liniger, H.: Vom Bau der Alpen. 1958

Lotze, F.: Geologie. Sammlung Göschen. Berlin 1968

Louis, H.: Allgemeine Geomorphologie (im Lehrbuch der Allgemeinen Geographie; hrsg. von E. Obst). Berlin 1968

Metz, K.: Lehrbuch der tektonischen Geologie. Stuttgart 1967

Müller, A. H.: Lehrbuch der Paläozoologie. Bd. 1: Allgemeine Grundlagen. Bd. 2: Invertebraten. Bd. 3: Vertebraten. Jena seit 1957

Panzer, W.: Geomorphologie. Braunschweig 1965

Putnam, W. C.: Geologie. Dt. Ausgabe bearb. von F. Lotze. Berlin 1968

Richter, M.: Geologie. Braunschweig 1962

Schaffer, F. X.: Geologie in Österreich. Wien 1951

Scheffer-Schachtzabel: Bodenkunde. Stuttgart 1966

SCHINDEWOLF, O. H.: Grundlagen und Methoden der paläontologischen Chronologie. Berlin 1950

SCHMIDT, W. F.: Geologie. Braunschweig 1966

SCHROEDER, D.: Bodenkunde in Stichworten. Kiel 1969

SCHUMANN, H.: Einführung in die Gesteinswelt. Für Freunde und Studierende der Geographie, Geologie, Mineralogie, Baukunde und Landwirtschaft. Göttingen 1961

TOLLMANN, A.: Ostalpensynthese. Wien 1963

WAGNER, G.: Erd- und Landschaftsgeschichte unter besonderer Berücksichtigung von Süddeutschland. Öhringen 1960

WEGNER, H.: Der Fossiliensammler. München 1965

WOLDSTEDT, P.: Das Eiszeitalter. 3 Bde. Stuttgart 1958—1965

Quellenhinweis

Abbildung „Pollendiagramm eines nacheiszeitlichen Moorprofils" (S. 30) nach „BERTSCH, K.: Das Schussental". Abdruck mit freundlicher Genehmigung des Verlages Otto Maier, Ravensburg.

Register

Die *kursiven* Zahlen verweisen auf Abbildungen